U0723819

当众孤独

张力中 ——

著

中国出版集团
现代出版社

推荐序

看过很多好书，但很少看到一本共鸣如此强烈的好书，大概因为我与张力中先生一样，都是能够享受孤独的人，都知道孤独的威力巨大，而且都尝到过孤独的甜头。

很多时候，独来独往的人不是因为没有朋友，而是因为知道自己想要什么，所以敢于与众不同。

很多时候，不爱讲话的人不是因为不会讲话，而是因为和周围的人不在同一个频率上，所以没办法与之神侃。

就好比说，如果你觉得一个人窝在家里看书比跟一大群不熟的人去 K 歌更快乐，那勉强自己的后果只会是：书也没看成，还在歌厅里尴尬得要死。

如果你觉得一个人在办公室里加班比在拥挤的街头闲逛更舒服，那勉强自己的后果只会是：累个半死，还一无所获。

如果你觉得一个人在食堂里吃泡面比去参加大咖的酒会更自在，那勉强自己的后果只会是：你讨厌无人问津的自己，别人也讨厌不会逢场作戏的你。

与其勉强自己戴着面具扑进人潮之中，假装和世界抱作一团，不如接受那个本就孤独的自己。

你是内向，就努力向内秀靠拢，而不是强行改变自己的性格，憋出一身内伤。

孤独的人其实都有一座专属的精神后花园，园中花香四溢，满是奇珍异草，但他不会轻易对外开放，志同道合的人可以到此一游，趣味相投的人偶尔会被允许光临，而那些浮在表面的热情和流于形式的热闹，统统都被拒绝入内。

毕竟，交际圈子的扩建和维护，并不是建立在你朋友圈的热闹程度上，而取决于你能为别人做什么，以及做了什么；职场中的竞争力，不是仰仗于你攀谈的天赋，而是你有多少货真价实的本事，以及能为公司赚多少钱。

最好的职场态度是当众孤独。风大时，你就表现出逆风出列的风骨；风小时，你就展现出积羽沉舟的耐心。

这个世界向来如此：有人夸你有内涵，便有人说你不过如此；有人说你有个性，就会有人说你太能装；有人说你很实在，就有人说你真虚伪。

你不必在意旁人的七嘴八舌，更不必羡慕他们的成群结队。

如果你每次都会因为别人的三言两语就犹疑地停下脚步，如果你每次都会因为某些人的不认可就闷闷不乐，如果你每次都会因为形单影只而唉声叹气……那你花掉青葱岁月，除了得到犹疑、闷闷不乐和唉声叹气之外，很可能一无所有。

哦，对了。

如果有机会的话，建议大家尝一尝张力中先生在本书中无数次提到的鸡肉饭配味噌汤，最好是在车水马龙的临街小店里，独自一人，细细品尝。

老杨的猫头鹰

2019 年 12 月 30 日于沈阳

自 序

　　拙作在台湾地区发行短短半年之后，没想到这么快就在大陆与读者见面了。

　　在台湾，有很多职场书，总是不厌其烦、孜孜不倦地教导我们：要如何与同事和平相处，要如何经营好与上司的关系，要如何在职场中曲意逢迎，委曲求全，最后我们被调教成了"理想的别人"，活得却非常辛苦。

　　于是，我们不禁反躬自省：一路走来，在职场中努力地讨好他人，却沦落成了一个自己也不太认得的自己，得到更多的不是成长，而是不快乐，既然如此，那职场到底有什么意义？

　　因为基于这样的内心拷问，因为自身独特的职场经历，我写了这本书。我将自己在职场中一路走来的真实经历，写成了三十四篇故事。想要告诉大家如何打破成规，如何拒绝从众，如何在人云亦云的团队中保持独立思考，又如何在千人一面的职场中保住自己的独特性。即使秉性孤独，也可以在职场中成为理想中的自己。

　　这本书的内核就是关于如何发挥孤独的威力让自己成长。

　　它不像别的职场书那样劝大家合群，而是敬告诸位要保持孤独。因为我们不是为了要成为"别人眼中的人"而存在的。

它也不是教你要成为怎样的人，因为没有人会比你更懂自己的渴望，而是要让你见识到孤独的威力。在和孤独同行的过程中，让你发现人生更多、更大的可能性。

它是想用孤独来唤醒你，让你能够更加深刻地觉察自我，然后坦然、坚定地往理想的自己迈进。

关于从孤独中产生的那些秘而不宣的力量，我已通过自身经历的阐述，在书中知无不言。

最后，特别感谢台湾出版公司方舟文化，是他们开启了这一段奇幻旅程，也将这本书带到你的眼前。

此书台湾版书名是《张力中的孤独力》，而简体版书名是《当众孤独》。我认为这个书名非常传神地表达了书中的精髓，相当贴合意境。在此，尤为感谢现代出版社的编辑团队。

现在，一份名为孤独的协议摆在你眼前，你准备好了吗？

张力中

2019 年 12 月 20 日

目 录

Part 1

在碎片化的时代，
不要像碎片一样活着

Part 2

不合群是表面的孤独，
合群是内心的孤独

Part 3

你从热闹中失去的，
都会从孤独中找回来

Part 4

孤勇之后，
世界尽在眼前

在碎片化的时代，
不要像碎片一样活着

你脑海里想象的那些侥幸的成功画面与场景，

其实，最终都不会发生。

当真正的成功来临时，

它只会像在某个寻常早晨起床之后的尿意，

于是你走向厕所，你不会感觉到特别。

当你感到烦躁或痛苦得受不了时，

就悄悄打开你的自动导航模式，心灵缓解一下，

让肉体代替你驾驶。

01 ｜ 意外

我没有读过大学，
却获得了硕士学位

ьь

说到孤独，你联想到什么：负面、消极，还是一出悲剧？

事实上，孤独只是一种情绪。

对我而言，孤独是一具精神性网筛，那从外界四面八方而来的信息，经过孤独的筛选，沉淀下来的，都成为澄澈的洞悉。

多数人身处传统定义的职场里，为想保有一份工作，规避风险、享受安逸、荣辱不顾、惧于改变，更害怕改变后未知的风险；于是，这类人常常把宝贵的职业生涯决定权，拱手交奉职场，唯唯诺诺，由它主宰。

当有一天，不再有好运眷顾时，最终只得沦落至惨境，这样的故事屡见不鲜，其实，我们何须如此？

我想说的是，有些人生转折，总是始于一场孤独的念想，以及终于放手一搏地各个击破。你必须亲手抛弃上一秒犹豫的自己，才有下一秒新生的开始。

♭♭

故事要从电梯开错门说起。

那一天，我在旧城区的客运站附近，站前浮躁的气氛弥漫四周。客运站的周边，挤满准备离开或是刚抵达的川流不息的人潮。

一如往常的周末，我在附近小吃摊随便打发完午餐后，随着补习班的人群，往车站附近深巷内的补习班走去。

那年我刚退伍，只有两年专科学历，拿着当兵两年存下的薪饷，报名专升本考试，开始为期一年的复读生活。

被安放到这种考学体制下，就像是倒进鸡蛋糕模子里的蛋汁，想象着加热一会儿，"咔"的一声，倒出来的鸡蛋糕，3 个 20 元，热乎乎的，个个长得一模一样。

"啊，这是什么人生？"午餐过后，双手插在口袋里独自步行的我，常如此自问。

补习生活里，我没有与任何人交往，学伴、友情什么的我都觉得麻烦，索性省略这些关系，一个人独来独往。

而某个寻常下午，生活有了一个不寻常的转机。当时补习班楼层安排是这样的：一楼是报名处，二楼是研究生教室，三楼是补习班教室。"叮"的一声电梯停稳，步出电梯后，我走了几步，察觉到有一种异样，发现四周场景不太一样，看到路标，才发现这里是研究生教室的楼层，原来我走错了。正想转身上楼时，发现了张贴各种文件的布告栏上，贴着黄的、红的、绿的布告，我好奇走近去看。

一份文件吸引了我的目光，上头载明"退伍后只要有一年工作经验，专科毕业生可用同等学力报考研究生"。

读到这里，我全身一阵寒战，不确定这种感觉，是一种人生即将产生重大变化的预感，还只是单纯尿急。我冷静地走向报名处，买下这份招生简章。那个工读生没见过我，直追问我是哪个班级的，我没理会她。直到晚间下课，回家后我将自己关进房间，认真地将招生简章逐句读完。

我仔细研究一番后得出几项要点：商学研究生考试科目，与专升本考试科目雷同，也要考经济学、统计学、管理学等，差异只在难度而已，多数在历届试题范围内。除统计学外，大多是自由发挥的申论题。考研与专升本有时间差，如果研究生考试成绩不理想，还有专升本这条后路。得出这些结论后，不知为何，我燃起希望与莫名斗志，也不知哪儿来的自信。

于是，我安静地完成了 5 所研究生院报考，没与任何人讨论。

在当时，知情的人一定会想办法劝退我，叫我安分地把专升本考好就好，不要浪费报名费，不要东想西想，你是考不上的。但是，如果眼前有那么一点机会，为何不尝试？一想到当我萌生了这念头，却没尝试，又要残酷地打消它，回到那个专升本的庞大队伍中去，实在太痛苦了，所以我决定冒险放手一搏。

我着魔似的奋起，每日大量做历届试题。然而，事情没这么简单，大学都没读过的我，怎么能够做出研究生考题？这些题目对我而言，既高深又艰涩。就在大量填鸭式猛做历届试题数月之后，隔年，考试如期登场。结果很无奈，那年所有出题的教授也都奋起了——以前出过的题几乎一道也没出！各个学校都是全新考题，唯一不变的，是依旧的艰涩难解。我硬着头皮，南北奔波，将所有考试考完。

研究生考试分两个阶段：第一阶段是笔试，笔试成绩通过后，才是第二阶段面试。综合两项成绩之后，才公告录取或是备取。很遗憾，随着时间推进，报考学校的笔试成绩发榜，都没通过，成绩差强人意，心里各种煎熬。直到一星期后，最后一所私立大学研究生院发来通知：我笔试通过，可顺利进到第二阶段面试。

我松了口气，专升本的参考书也都甩到一边了，满心等待面试那天的到来。每天轻快地敷脸，练习口才，大量阅读时事，听 ICRT 以备英文口试。没想到当我满怀欣喜地去面试时，迎接我的，竟又是一场打击。

"你只是专科生，怎么会想来考研究生？"

面试教授有3位，分别安排在3间会议室。

第一场，不过不失，很快结束。

第二场，是位女教授，她沉着脸，看了看我的资料，用带点轻蔑嘲笑的语气质问我："你只是一个专科生，大学也没读过，有能力面对研究生课程吗？是不是有些好高骛远？要不先从本科大学读起，对你可能比较好。"她冷峻的质问让我有点自卑，我感受到挫败，最后，在气氛有些尴尬的情况下，她冷漠地打发我离开，结束了第二场面试。

接着第三场，面试教授满脸笑意地面试我，我逐一回答提问，他频频点头，直到面试结束前，他才看到我的学历。与第二场面试时的女教授不同，他眼睛一亮："你只是专科生？怎么会想来考研究生啊？真少见，好厉害啊！"

我被他的开朗情绪触动，尽管心中宽慰，但仍笑不出来。只觉得这段时间以来，孤独而努力的心意，似乎被认可了，当下有点想哭。

清晰地记得那天，我颤抖地说："老师，我想让人生有些改变，我很努力，也尽力了。"

当下我真的已耗尽心力，再也给不出更多理由。也做好最坏打算，准备回归专升本考试的队伍，只是仍在做最后消极哀伤的顽强抵抗。

教授愣了一下，没说什么，满脸笑意地低下头，打完分数，就让我离开了。

经过一番忐忑的等待，我奇迹般地被录取了。

就这样，我成为没读过大学，只有专科学历的跳级研究生。

发榜后某天下午，我回到补习班，当时因与一位经济学老师蛮谈得来，我想与他简单道别。等在教室门外，听着课堂内麦克风的回声嗡嗡作响，心情有点恍惚。

下课时间，我走近阶梯教室的教师桌，对他说："老师，我考上研究生了。"一开始老师还搞不太清楚，我将这几个月的经历告诉了他。听完之后，他瞪大眼睛，忽然开怀地笑了出来，并从座位上跳起来，对着在教室里休息的同学们拍手，大声说："同学们，这位同学用专科同等学力，跳级考上研究生，非常厉害，你们专升本也要继续加油啊。"

一时之间，在场的所有人像是隔着长河，全挤在河的另一岸，不可置信地怔怔望向我。而我，已成功涉水上岸，全身湿淋淋，一个人狼狈地望向他们。

原以为自己可能只是专升本考试模子里的鸡蛋糕，现在竟变成卖价稍微好些（但也软塌塌）的章鱼烧了。如果没有数月前的那个疯狂的决定，我现在仍与他们一样焦急与迷茫。没想到我这样一个无名小卒，也能有如此闪亮的时刻。

离开补习班，每间教室的窗户都灯火通明。第一次，我感受到孤独就像一把火炬，沉静又明亮，无声地引导我与人群方向相反，一个人孤身前行。

ьь

在那之后的第 10 年，我已是承亿文旅集团品牌长。

某个周末的午后，我接到房产中介电话，说旧干城车站前有栋大楼想出租，询问有无兴趣接手，我与同事应允开车前往。

一到现场，没想到竟是当年的那栋补习班大楼。我站在废弃残破、停业许久的大楼前，百感交集。

离开前，我仿佛看到当年的自己，同样的周末午后，百无聊赖地低着头，双手插在口袋里走回补习班，与我擦肩而过。

我低声谢过，谢那时的他忍受孤独，踽踽独行。

孤独不是贬义词，也不是选择孤独的人就更高尚。孤独是身在平凡世间的一种入世修炼，是一种降噪与内化的过程。孤独，从来都是自己的事情，与他人无关。孤独到某种境界，会感到从容无比，没有什么比你自己，更了然于心。

两年后，我顺利拿到硕士学位，奔赴职场。

那一年，我 26 岁。

99

孤独力初级修炼（一）

第一步：停止安全感的过度摄取，开始培养本位感的孤独。孤独，才是恒常的
　　　　本质与驱力。我知道这不容易，但你必须有一个开始。

第二步：在什么都还没有的时候，当下能相信的，只有你自己而已。

第三步：坚信万事皆有可能，越孤独，你的其他感官就会越发敏锐。试着感受
　　　　一下。

02 | 认知

没有绝对的坏公司，只有相对的好公司

᠍᠍

职场，到底是怎样的一个地方？

最初让人急着奔赴，最终又让人急着想逃离。这来去之间殚精竭虑，你终想获得些什么？

᠍᠍

作为一个职场新人，当年的我26岁，算是异常晚熟。求职历程坦白说也没那么顺利。虽然拿到硕士毕业证书，然而十多年前，硕士早已不太稀缺。当年104人力银行①是最时兴的求职网站，每次浏览职缺

———————————

① 104人力银行，中国台湾著名的网络公司，官网提供求职与招聘的人力整合服务。

·

时，总觉得它巍巍的，我矮矮的。

我拥有的仅是一个硕士学位、已出版的两本言情小说。那段时间，我曾应聘过百货公司、饭店等各式各样十多个营销策划的职位，最终都是石沉大海，杳无音信。

万念俱灰之后，差点就要以写小说作为我终身职业了。正当我下定决心的时候，通知我面试的电话就来了。

面试当日，女面试官看完我的简历与言情小说后，她皱皱眉，带着些许意味不明的微笑："你是写小说的啊，可能跟广告公司要的文案有点不太一样。"对话中，面试官无意间透露出此次还有另一位竞争者，也是写小说的，此人已出版好多本小说，似乎有些知名度。当时，我不知道企业的录取标准是什么，面对一个社会新人，可能也没什么经历好问的，顶多看看眼缘、掂掂求职态度。

就这样，面试结束，我也没抱太大的希望，就像过去无数次求职失败的经历一样。

面试过后那几日，我常晃到我家附近的麦当劳呆坐整日，点份便宜套餐、看免费杂志消磨时光。

那天，接近傍晚下班时间，路上车水马龙，红灯变绿灯，那些骑摩托车的人奋力往前冲，似乎只想奔赴他们的生活，没人能阻拦。

突然，我接到了录取电话。女面试官在电话另一头，很温柔地恭喜我面试成功，下周开始上班。

当这一切到来时，好像也没有想象中那么狂喜。"原来被录取后是这样的心情啊。"求职成功，走回家的路上，又一股巨大莫名的孤独感袭上心头。

66

新公司规模不大，公司十来个人，办公室设计明亮简约。

老板有种哲学家的气质，白手起家，本身也是设计师出身，而老板娘负责会计，是典型的夫妻店。部门结构非常简单，就是设计部门与业务部门，哲学家老板同时也参与业务开发。

哲学家老板是个沉默温和的人，日常上班从不多话。多年来，我最常记得的画面是，他不发一语，慢慢步出办公室，穿越设计部，进到茶水间，两手端着两个马克杯，倒完水，再默默地走入他的办公室。

工作之初，哲学家老板对我没有任何限制，只简单告诉我说：当有人需要文案或策划时，你就协助一下。后来我才明白，那时候公司以纯平面设计为主，但为强化文案与策划服务，才开始招聘相关职位的人。

当时我感觉，哲学家老板似乎也不太明白，招聘一个文案策划，该怎么使用他。他给了我很多自由度，没有设限，我只能自己摸索。

入职后，我被安排与设计部一起上班。设计师女孩们聪明机灵，设计能力极强，观点灵活犀利，也常嘴上不饶人。她们常毫不客气地欺负我，这里讲的不是字面上的欺负，就是言语调侃，没有真正的恶意，而我也没有特别在意。事实上，我喜欢与她们共事，她们完美演示了何谓办公室日常：聊设计、聊餐厅、聊团购、聊美妆。我大概就是一旁的听众，偶尔她们想到我，就扭头讪笑我几句。

与此同时，我在这个时期，慢慢积累了广告公司的专业知识。她们常常丢一个设计稿，就要我配上中文或英文文案，像是餐厅点菜一样。有时，我也会为她们设计的商标提案说些故事。对我而言，想出的文案都可以信手拈来，像是本能般地在工作，提案都能非常顺利地过关。

后来，在写文案之余，当哲学家老板外出拜访客户时，也会带上我同行，带着我参与各类广告客户的项目执行，包括生物科技产业、保养品业、餐饮业、工业、补习教育业等。我感谢他都能想到我。他常在前往拜访客户的路程上，教导我许多业务提案与谈判技巧，这段历程对我而言，弥足珍贵，也慢慢磨炼出了工作信心。

不知不觉，我也对业务工作渐渐产生了兴趣。但我还是无法清晰地定位自己在职场中的角色，只觉得眼前的工作我好像都能做好，但也未必很厉害就是了。

bb

　　时间一长，我才发现哲学家老板在温顺的外表下，也不是吃素好惹的。

　　印象中，我曾真的惹火他一次，他终于大发雷霆，而我不是故意的。当时，我受命要替位于乌日的铸铁工具制造客户撰写策划书，协助工业园区进驻审核申请。但在这之前，我只有写硕士论文的经验。尽管心中毫无把握，但上司都把工作甩过来了，我只有冷静思考，依循申请书要求，尝试将内容完成。小聪明如我，大致顺利完成，就压在交给客户的最后一日期限。我不知哪根筋不对，内文频频出现各种小错误，但我明明已反复校稿多次。

　　当时，哲学家老板在顶楼办公室工作，我改完后拿上去，他告诉我哪里需要修改。就这样来来回回数次，他从一开始耐着性子，到最后终于忍不住从楼上打电话下来，劈头盖脸地发飙骂我一顿，恶狠狠地问我到底要改几次。

　　握着话筒，我整个脊背发凉，怀疑是不是要丢工作了。被骂之后，我也没让自己消沉太久，办公室里的人，都在忙着自己的事，也无暇停下来给我一些温情安慰。我没太多情绪，不温不火，集中精神校对了好几次，终于改好。

　　下班前，我带着原稿，骑上破摩托车，赶往打印店将资料装订好，再直奔乌日。耳边有风在呼啸，我一路狂飙，终于赶在客户下班前，将资料交付到他手上。回程时，刚好碰上下班时间，一群骑摩托的上班族挤在路口，等到绿灯一亮，便趋前狂奔，回家、接小孩或是买菜，前往各自的目标。当下我忽然意识到，我似乎也成了他们中的一员，成了这样的人。

那份令我被飙骂的策划案最终申请通过，公司也顺利收到尾款结案。

过后，哲学家老板又若无其事地端着马克杯，在茶水间里进出，就像什么事都没发生过。

ЬЬ

没过多久，我参与了人生第一支家具公司电视广告拍摄案。哲学家老板将整个电视广告筹备策划的负责工作丢给了我。是的，当时的我只是一个入行还不到一年的小小文案策划。

据我后来观察，哲学家老板也是挺有实验性的，内心也颇为强大。当时的我虽毫无经验，但兴致高昂。从脚本创意、找代言人、遴选制作公司、媒体采购与举办记者会，都由我一手操办。

面对挑战，我似乎也没有什么抗拒或恐惧，就是耐着性子面对与处理，事后想来，还要感谢哲学家老板的大胆授权。他放任野草滋生似的无为而治，竟使我燎原般的成长；本是放牛人，最后却帮忙建了座牧场。

最后，当广告在电视上播放的时候，我曾兴奋过一阵子。但兴奋过后，好像只是那么一回事而已，总感觉自己并未做到极致。

电视广告项目结束后，日子就好像刚倒进杯子的冰啤酒，一开始泡沫浓烈，最后趋于平静，我又回到每天写文案、中午等盒饭的办公室闲散时光。而原生的深层孤独感开始质变，我想再次定义自身与职场之间的新关系。

进入职场满周年后，坦白地说，我自觉没为公司创造太多价值。尽管我大量接触客户，累积了许多工作经验，但这顶多满足了职能基本底线，遑论成就。

就这样过了一年，熟稔了公司运作流程，和同事相处愉快。但随着日子流逝，孤独感带来的驱力越来越明显。也许在潜意识中，我不甘于此，而想做得更多。

我有点茫然，看着时光在流逝，自己游刃其中，难道这就是所谓职场吗？对于安逸现状的抗拒感，从心底油然而生——我又想亲手摧毁它了。

99

孤独力初级修炼（二）

第一步：找工作跟谈恋爱一样，是很看运气的。没有绝对的坏公司，只有相对的好公司，必须先明白这一点，不要太一厢情愿。

第二步：别一开始就热衷投入办公室里的那些琐事，或急于找归属感。你应该迅速找到"职感"，让自己从定位开始运作。先动起来再说，然后再来谈方向。

第三步：别停止思考，要认清现状并未雨绸缪。

人真的要在孤独中积蓄力量，

熬过一段不为人知的艰难岁月，

然后就像火车驶出隧道，

温柔和光明一下子扑面而来，

你发现原来世界可以如此和颜悦色。

绝大多数人并不清楚自己为什么孤独，

唯一能够表达清楚的就是：

"这不是我想要的生活"。

You

are

alone

Not

Lonely

如果每段职场关系，

一遇到不开心就以翻脸收场、负气离开，

那绝对是把自己做得太廉价的表现。

过去的经历，

不管是有意为之，

还是无意学会的，

都会在人生的某个重要关头派上用场。

03 | 动机

把自己逼到绝境，
然后看着自己绝处逢生

᠌᠌

人与职场的关系，真的非常微妙，就像打一场网球，有来有往。

有时，你必须明白：并不是每一个公司主管或老板，都能把每位员工照顾好，或都能充分知晓员工特长。别持有这样不切实际的幻想，没被理解，也别因此感到委屈，谁都是肉体凡胎，各有各的生活和工作琐事，相反地，这时候你得替他们着想。

若你选择留下，并觉察职场环境仍对你友善，你就得趁其还未产生不耐烦之前，尽快再次找出施力点，不动声色、主动作为，协助公司理解你，为自己盘算，令职场再一次找到并认同你存在的价值，要不你就只能等着被抛弃。

身在职场，别忘记要持续在孤独中观察与探索，再没人能比你更了解自己的了，切记。

bb

一年多了，我发现工作状态变得停滞不前，甚至还有些乏味。每天就是写写文案、策划案，打打杂，我已完全无法从中得到成就感。事实上，也不是天天都有文案或策划案可写，多数时候，我感觉是被晾着的。

更重要的是，每个月领的永远是死薪水。我的办公座位在角落，还是躲在一个大柱子后面，处于一种离群索居状态。

还记得入职当天，我被领到座位前，布满灰尘的桌子上堆着无人认领的杂物、多印的客户印刷品，以及众设计师到处去捡宝带回来的彩色盒子。

最惨的是，这个座位顶上无光，大白天的还得开着台灯，可想而知有多晦暗。

乐观开朗如我并不以为意，还非常认真地布置一番。后来才知道，原来我并不是这间公司聘请的第一个策划，在我之前，坐在这个位子的人员，做不到几个月都离职了。到目前为止，我是撑得最久的那一个。

这真相听来真是让我喜忧参半。喜的是原来我赢过了这么多人，忧的是难道我也即将步他们的后尘吗？原来这是一个被诅咒的角落，来者至今无一幸免。

bb

从那之后，我四周那种意兴阑珊的气氛越来越浓厚。我常暗自一脸忧愁地从角落望向每个人，大家都起劲地忙着自己的事，电话声与对话声此起彼伏，根本没人愿意认真搭理我。

我孤独又庄严地守在角落，哀怨得就像一尊落难的土地公。心想再这样继续消极下去，就差一个离职念头，便水到渠成了。

那几天，我陷入孤独长思，骑车上班想，下班也想，吃便宜的麦当劳套餐也想。但又得装出一副若无其事的神情，思考着要怎么扭转颓势。我暗自开始计划，一如往常，首先盘整手上资源、想好对策，准备与公司展开对话。

过去一年来，跟着哲学家老板，我学习到提案与业务技巧，温和但同时又有点狡猾的业务谈判技巧，以及商业设计知识，我感觉已有基本把握；再者，我并不排斥与人接触的工作，甚至感到喜欢。于是，福至心灵，我决定转职成为业务人员。

当时我与公司商谈的非正式协议是，在继续做好策划工作之外，同步开展我的业务工作，当然其中也考虑到如何降低风险，我给自己留了后路。

然而，这都不是重点，重点是当时公司开给策划与业务人员的底薪并不相同，策划是固定薪，业务是底薪加上奖金。如果转任业务，因为未来会有奖金收入，所以我必须降低底薪20%。换句话说，以我当年担任策划的2.5万元①起薪来算，转任业务职后起薪就只剩2万。

我没有什么挣扎，就接受了，因为如果我因一时的不舍打消念头、继续窝在角落当策划，依照那时的工作状态，就算多了这5000块，我也领不了几个月就会走人，还不如放手一搏。

我常把自己逼到绝境，也许，我是想看到自己重生。

在跟公司沟通过程中，并无过多歧见，多一个人为公司跑业务赚钱有何不可？公司也乐见其成。当时我心里盘算的这些，都存在于个人因孤独孕育的职场求生意念，还有由此产生的清醒认知。我想整件事发展至此，最终仍是看我造化。我也因此拥有事情成败的决定权，而公司给了我最大的自由度，最终，能够掌握自己的去留，为此我感到十分踏实。

后来，我要开始跑业务的事，也在公司传开了。结果，根本没有引起别人关注，那些设计师仍旧沉浸在自我的生活圈里。

后来我明白，职场里，有时你以为许多人在关注你日常的一举一动，但实际上你会发现，自己可能有点想太多了。

_____

① 指新台币。

换个角度来看，就算你非常在意职场上别人对你的各种议论或评价，可那并不会让你变得更好。

屏蔽喧嚣后的孤独，并非让你成为一意孤行的人，而是为你换来更多独立思考的空间。

ЬЬ

接着，我为自己做些投资：理了新发型，买了几件看似像样的新衬衫、两双新皮鞋、一个黑色公文包；至于座驾，还是那辆破摩托车。别忘了，那时的我刚进入社会，薪水要上缴安家，没啥积蓄，再无法负担置办更多奢侈行头的费用。

公司给出业绩目标后，我便开始行动。

起初，我没有先把公司派给我的客户列为经营重点，反而决定重新开始，去选择开发陌生客户。早先跟着哲学家老板一路学习下来，我深感广告公司业务（Account Executive，一般简称 AE）是全世界最难做的业务之一。原因在于，广告公司要卖的是设计创意，以及能够打动顾客的情怀，还有业务人员本身的个人魅力，涉及太多复杂因素。这不像卖一台吸尘器或果汁机，各种功能、性价比一目了然。

相较于传统的商品销售，我的业务范围可谓无所不包，除了前面提到的客户开发，我还得在双方签订合约之后，依照客户需求，提供创意方案、协助实践；此外，我也需要安排各种媒体，如电视、网络、公交车、地铁、户外广告牌等广告上架，最后验收成果。

"商业设计"这东西还挺玄的，尽管它看不到、摸不着，却还是能成为一种商品，并量化成价值贩售，让被感动的人掏钱买单，而且有时还可能是一大笔钱，这可真是一件不简单的事。

我进一步省悟，商业设计其实是非常主观的商品，根本没有逻辑可言。当我发现，这一切可以不按常规走的时候，忽然振奋起来，我打算用自己的方式实验、用自己的方法卖广告。

长年来，我一直有个怪癖：不爱走别人的老路，喜欢自己另辟蹊径。并非不按常理出牌，我只是热衷于尝试把烂牌打成好牌而已。

bb

在那几年的广告业务生涯中，我接触或服务过中南部产业的近百位中小企业广告客户。这段过程很辛苦，但也让我看到了很多光怪陆离、怪诞荒谬却充满奇趣的人和事。而这些卖广告的方法，都是我自己想出来的，没有借鉴和依循，并出奇制胜，为公司带进一些知名的品牌新客户，提高业绩、挣了钱，自己的薪水也有了显著的涨幅。

非常庆幸的是，我转任业务后的首月业绩就达标了，直到离开广告公司之前，从来没有一个月落空。也因为转职做业务，我又在这家公司多待了近两年。

离开前，我还曾换过一次名片头衔，成了小主管。至此，我感觉自己当时应该做了一个对的决定，对自己与公司来说算是双赢。

还记得当年每周五下班前必须打扫办公室卫生，哲学家老板办公室内有个小会客室，门边地上摆放了石头造景鱼缸，这项清洗工作通常由我负责，我把它当成一周工作后非常有仪式感的结尾。

我会提着一桶清水，蹲在地上，先把鱼捞到桶里，然后拿起百洁布，刷洗石头鱼缸内的污垢和青苔，直到鱼缸摸起来洁净不再滑腻为止。最后，我会注入清水，将鱼送回去，打开换气马达。

有时我会一边刷洗，一边抬头望望哲学家老板的办公室，窗外是华灯初上的繁华夜景，想想自己，同时思索以后的路该怎么走。这已是十多年前的事了。有时我会想，如果当年的我，没有在每一个重要时刻推自己一把，现在的我又会怎样？

无论如何，我终究在这个时期为自己扭转颓势，再次证明了自身价值。而更多地要感谢哲学家老板和老板娘，他们始终很照顾我，这些历练给我的职业生涯奠定了很好的基础。

❞

孤独力初级修炼（三）

第一步：在职场上持续校正，一旦发现偏离定位，立刻直视问题，彻头彻尾地重新思考。最忌消极逃避，那是在辜负自己。

第二步：你与职场并非上下关系，而是比肩并行。如果你认为当下的一切还有努力的价值，想想能再次给公司提供何种协助，这是在帮自己一把。

第三步：当你因在职场中独自努力感到孤独时，相信我，成为职场里不走寻常路的异类分子，才能令你卓然超群。

04 | 尊严

在职场中，
尊严根本没那么重要

bb

有时我常想：身在职场，尊严到底是一种什么样的存在？

我们怕被人看不起、希望争口气，于是尊严像鬼魅一样，在各种事情上影响你、绑架你，发挥了一些能左右你做出非理性行为的负面作用。

有时，你可能为了想保住尊严，揣着无谓的坚持意气用事，最终做出违心之论或偏执的误判，这些都大可不必。

不过，若做到"舍弃尊严"这种程度，好像也未免太没底线。要不我们试着换一个较能接受的说法：降低你对职场中的尊严标准。

只要能自我觉察，那些职场里嬉皮笑脸、抛失尊严的举动，都只是任务中的你，而非真正的你。如此想来，你也就不会那么介怀了。

66

依照我的经验，如果你想对人生做些碾压式的磨砺，担任广告公司业务一职，还真是一个好方法。

满怀激情地展开陌生拜访后，迎接我的就是排山倒海而来的各种挫折与溃败。坦白地说，陌生客户开发的潜台词就是："我哪有什么办法啊，不就是土法炼钢、埋头苦干吗！"

传统的广告业务开发，除了前辈带新人之外，再者就是寄广告开发信、打陌生拜访电话，或是到同业的公司网站挖他人墙脚直接抢客户，这几件事情我都做得挺不错的。

先来谈谈广告信，其中其实包含很深厚的业务能力技巧，如果打开信的人是企业老板，看完简介一下子被设计风格吸引，他会亲自打电话来询问，或转交给公司负责部门处理，而负责人一旦被老板交办，多数不敢不联系。我私下统计过，每寄 100 封信，会获得 4~5 通电话询问，通常能成交 1~2 件，这已算是很理想的了。如果感觉服务得不错，因为老板的朋友通常也是老板，有需求就会相互介绍，老带新的效果就能出现，广告信的业务推广效果便能扩散开来。

通常，我会找一个不用外出拜访客户的下午，像做家庭代工一样，埋头逐一将广告信装入信封、封装，贴上名条。

机灵如我，通常会手写地址与名字，看起来亲切有温度多了。每批写上几百个名条都是正常的，把一支圆珠笔写到墨水枯竭更是常有的事。

ᵇᵇ

再者，就是电话开发。

电话开发对我而言，就像智力竞赛抢答一样，我会颇为正式地准备一杯水，将座机放至顺手的角度，妥善调整呼吸节奏后才开始。当年打电话前，都要先做充足的心理准备，才能按下按键。

电话开发也是很有技巧的，需要很多前期准备。通常我做电话开发都有定向与谋略。

例如，若我觉得某个零售品牌有商机，我会先从网络上做好该品牌的身家调查，包括老板与部门负责人名字，这些大多可从网络上查到，整理好整批要开发的品牌的资料后，我才会主动出击。

电话开发很重要的是通关密语。打电话到公司总机，我会亲切且正确地说出负责人姓名。因为推销广告电话，常在总机这第一关就会被挡下。但如果能正确说出负责人的名字，然后佯称忘了分机号码，总机大多会帮忙转接。

此时很重要的是，别忘了在转接前，再次与总机确认对方的分机号码，下次要联络时，你就可跳过总机转接直捣黄龙。

毫无人脉、毫无资源的我，那阵子每天抱着电话狂打，听来很不可思议。其实，我也曾经闹出不少笑话。

有次自以为做好万全准备，准备开发一个连锁皮件品牌客户。因为它们分店很多，一时之间，我分不清楚哪间才是总店或总公司，就随机拨了电话过去。

"您好，能帮我接 × 总吗？"我的口吻亲切有礼。

接电话的中年妇女机警狐疑："你是谁？"

"您好，我是 × 总的朋友，×× 广告公司的张力中，之前曾与他联系过，但弄丢了他手机号码（我扯了小谎），能请您帮我转接吗？"

对方更狐疑："你跟他联系过？你确定要找他？你声音听起来很年轻啊？"

"对啊，谢谢称赞。"当下我还得意忘形，浑然不知。

电话那头有些嘈杂，可能正忙着服务顾客，她提高了音量，有点不耐烦地回我："我们老总已经过世十几年了啦，你到底要找他做什么？我在忙！"

啊，已经过世了？我没料到剧情会是这样发展，当下感觉耳根发烫，有种诡计被拆穿的尴尬："不好意思，我是广告公司的，有些资料

想给 × 总参考一下。"我一时慌乱，继续胡言乱语。

"跟你说他过世了啊……对，那边全部 8 折……对对对，那个行李箱的轮子可以爬楼梯。"对方一边招呼客人，还一边应付我。

我情急之中，竟有点委屈地脱口而出："那怎么办啊？"大姐听到我竟然这样回答，又好气又好笑："那我给你我们小老板的手机号码，你直接打给他好不好？"

就这样，我竟意外地得以接触到关键人物，而且后来这笔生意也成交了。

ҍҍ

这么友善的大姐其实很少见。刚入社会没多久，做业务真的既孤独又沮丧。电话开发时常常话没说完就被挂电话，至于被人恶语相向也是家常便饭。

某次，有家工具机制造公司要做产品型录，初次约定好去拜访，我在会客室枯坐了整个上午，最后人家不跟我做生意，人也没见到，事后电话也不接，毫无理由。

更有甚者，我也会经常被人直接赶出来。

有次和一位生物科技公司客户约访，要谈展场设计的案子，才刚到没多久，老板一见我，便冲着我大吼要我滚，警告我别再来。

我被他突如其来的举动吓到，挂在脸上的微笑来不及收回，竟被对方误会，大声质问我是不是在耻笑他。眼见他怒气冲天，我只好仓皇狼狈地逃离。

事后该公司工作人员打电话来向我致歉，说最近公司财务吃紧，老板压力颇大才会情绪失控。

我也曾去到一家食品公司拜访，商谈零食包装设计。老板对我很客气，谈得正顺利时，老板娘突然出现，恶狠狠地把我轰出来，说不需要，说做广告设计的都是骗钱的，他们先前花一大堆钱，生意都没有起色、卖不动产品。

我提着公司的整袋作品被赶出门，站在马路边发愣，大中午的艳阳晒得我汗流浃背、衬衫完全湿透，心想今天是招谁惹谁了！

bb

花了很多心力，却做不成生意，这类案例不胜枚举。

在那段做业务四处碰壁的时间里，我常在骑着摩托车返回公司的途中，心情低落且沮丧无比。虽然一开始业绩就达标，但总觉得自己做这份工作，不是很有尊严。

　　麦当劳是很好的捋清思绪的栖息之地。那几日，我同样点了便宜套餐，随着转念与深思，状态忽然有了改变，好像是想通了什么。

　　当时的我似乎从未认真倾听过客户需要什么，只是满脑子想着赚他们的钱、卖给他们设计，从没认真理解过对方。

　　后来，我尝试换位思考、调整心态，先设身处地思考他们的困境，再给予他们需要的。当状态一改变，很多对事情的观点，就与尊严无关，变成是双方的共识问题了，我的心境也一下子豁达起来。

　　在那之后，我与业主的关系，就不再是站在对立面，而是像个朋友的角色般切入与对话，想着如何协助该企业成长，彼此站在同一思考战线。

　　心态转变之后，后续的客户开发或拜访，我都是一派轻松、游刃有余，业务状况更见起色。在这一过程中，虽然有时还是不免遭受拒绝乃至奚落，但此阶段我已能够一笑置之，遇事变得豁达起来。我的业务工作也走上轨道，越来越好，在越发成熟的心态下，已不再纠结于负面情绪了。

99

孤独力初级修炼（四）

第一步：做业务和孤独有什么关系？当然有关系，业绩没达成都是自己的问题，
　　　　没达到你说孤不孤独？一觉得滞碍难行时，先别急着放弃，让孤独的
　　　　本我出面，清空思绪，调整一下心态。

第二步：别老想着自己，先为对方着想，观察对方、理解对方，很多事情会更
　　　　加清楚明白。

第三步：别老是一脸纠结愁苦的样子，境随心转，建议大家让自己"外表轻松，
　　　　内心严肃"。无论是人生或业务，保持豁达才是唯一答案。

05 │ 权威

大家都是肉身凡人，
没有什么天壤之别

᪲᪲

前文刚说完尊严，这篇要谈权威。

从业务观点来看，要开始一场对话之前，必须把横陈其间的情绪去除，两个姿态对等的人，才能好好谈同一件事。

你要像能看穿他们似的，端详其五官牵动时的神情细微变化，然后，你便能看穿其本质。其实都是肉身凡人，那些被叠加的声誉与社会形象，响指一弹，都瞬间灰飞烟灭，眼前就是一个再普通不过的人。

听不懂？

那就想象他每天吃饭也会掉饭粒、趁人不注意时偷放屁，或与老婆吵架时讲些幼稚话，你说，他跟你有什么不同？

bb

担任广告业务的那 3 年多，我拜访过大大小小上百个企业，大街小巷钻进钻出，奔驰在产业园的道路上，还有更多的是不知名的乡间小路。

现在回想起来，那段做业务的奔波时光，还真充满年轻张狂的气息。只要听到客户有意愿接受拜访，我整个人就热血沸腾，立刻抄起吃饭的家伙（当然不是碗筷）——名片、公司简介与几份印刷作品，随时出发，直奔客户公司。

后来，为了拓展业务范围，我还买了一部十多万的二手车伴我征战。当年导航根本还不普及，车上还常备一份地图。如果不小心迷路了也不怕，常言道"路长在嘴里"。

每趟业务拜访，对我而言都是冒险旅程。我曾开车钻进小路，结果一个不小心拐错弯，路越开越窄，从双向道变成单向道，最后变成田埂……尽头竟然是座坟墓。我茫然下车察看后，再强忍着毛骨悚然的恐惧，艰难地回转倒车，折腾了好一阵才到客户公司，早已筋疲力尽。

也有的公司藏在某段山路的岔口处，常常一不小心就开过头，我得折返后再驶入，赫然发现里头竟是一座大工厂，横空出世般地隐身在山里。我服务过的一个织袜机品牌，隐身在彰化，却是行业排名全球第二；还有个全球排名前 10 的车床零组件品牌，公司盖在乡间的稻田中央；或是一家低调到不行的食品饮料厂，产品竟然行销到美洲、欧洲与东南亚，还常参加食品展。

做业务真得搏感情。有时候谈生意的场所，就在老板家客厅，老板会坐在茶桌前泡茶给我喝，穿着朴素得跟街边普通中年人没两样，但身价不菲。工厂外面的车棚下，停放着好几辆豪华轿车，全是他的。

我们通常都是从天南地北闲聊开始，到最后十多分钟才谈正事，他们随意翻翻作品，嘴里念叨着："这些设计也还可以，不错啦。"

我则喜欢问他们的创业史，静静地听他们说，可能他们也很孤独吧，这种无人可诉的老板，就爱我这种奋发向上、能诚恳地听他们怀旧的年轻人，这种情况最后通常都能顺利签下合约。

不瞒大家，我曾在客户家吃过好几次晚餐，上自长辈下至孙子都在，是那种三代同堂的大家庭。我和他们一起坐在客厅看电视吃饭，吃完才摸黑开车回家。

bb

哪里有生意可做我就去哪里，而且无比充满耐心。

话说有个知名的连锁平价咖啡品牌，老板皮肤黝黑，戴副眼镜。首次拜访后生意没做成，之后他们就不再见我了，丢出各种软钉子给我碰。但我单方面持续保持联系，只要公司一有新设计作品，就寄电子邮件给他们看，但我从未把做生意挂在嘴上。

偶尔拜访客户经过他们公司，我就顺便进去露个脸，跟特别助理打个招呼就离开。就这样酝酿了一年，他们终于主动联系了我。直到这一刻我才明白，做业务原来不是跑百米，而是马拉松。

我也曾服务过一家户外登山用品品牌。双方刚接触时，他们已有固定广告代理商，而我渴望能争取到这个客户。不过已和广告代理商有了合作默契的品牌方，通常是不轻易换合作伙伴的。

所以我又决定出奇招，在还没拿下订单前，我自己利用几个假日加班，免费做了一份图文并茂的计划提案。当年许多户外登山运动用品型录的呈现方式，仍是千篇一律的模特儿单调排排站，缺乏新意。于是我突发奇想，决定打破传统分类，根据户外登山纬度与使用者情境角度，为顾客推荐该穿何种着装；设计风格也从传统的户外登山运动感，改成带有都会时髦感的全新形象。

没想到此举一出，大获青睐，广告代理权就这样从别人手中夺来了，甚至后来其年轻的副牌与单车品牌，也都委托我服务。

bb

我遇到过的客户当中，就属一位保健品客户最奇怪，至今我仍未搞懂她。接到她的委托电话时，她神秘地压低声音。

我依约前往拜访，竟是普通住家而非公司。此后每次造访时，明明是大白天，她客厅桌上总是有许多捏扁的啤酒罐，但她衣着整齐，也不会对我劝酒。

每次谈生意时，空气中总弥漫着酒气，而她神情慵懒，有时还会露出一种情绪复杂的表情，但我读不出来；我问她产品定位、售卖渠道、目标客户群等，她从没有一次说得清，但跟我聊起保健品成分，却又头头是道。

几次往来后，虽然生意做成了几次，我总隐隐怀疑她在搞不法经营，于是尝试借口婉拒，没想到她竟哀求我继续服务。每次的设计提案，也总是一次就过，站在做生意的立场，实在没有拒绝她的理由。

真正神奇的是，我每接一次案子，她就搬一次家，我至少到过四五处不同的地方拜访过她。不变的是，每次造访，桌上还是摆满被捏扁的啤酒罐，还有她一派慵懒的模样。

如今回想起这一段，我仍想不通当初她要求我设计包装的保健品，究竟卖给谁了。

回忆起那段业务时光，丰富多彩。我终究通过自己的努力成功地改变人生剧情的发展走向。而我最喜欢的时刻，是和客户签订合约后的傍晚，开着车返回公司。有夕阳余晖相伴，两旁是稻田，摇下车窗，鼻尖满是清爽的干草味，虽然仍是只身一人的孤独，却温暖又梦幻。

99

孤独力初级修炼（五）

第一步：做业务不是混迹于一群人内，而是一个孤独的你面向所有人。

第二步：不受杂念打扰，勇于孤独是根本核心。碰上未知的挑战后的情绪反应
　　　　不应是恐惧，而是好奇探索，尽情摄取。

第三步：视恐惧为无物，面对眼前的人、事、物，就用你整个身心大无畏地去
　　　　迎接。

06 | 良知

如何做到不去损人，
却能利己

ᑦᑫ

"我眼下这份工作，究竟对不对得起自己？"这问题是否让你有过思考？

孤独的人最容易遇到的问题是"良知"。

工作是种利害关系的集合，直接或间接成就了什么人，或是否在不经意的时候伤害了关系人，或因为本位利益而牺牲了谁；身在职场，如何能不损人却仍能利己？

这着实是个大难题。

ᑦᑫ

在这家广告公司工作了近 4 年，它的确带给了我成就感，也确实扭转了我早先的困境，但这份工作却让我对自身的职场价值观产生越来越深的质疑。终于在某个早晨，当我按掉手机闹铃，翻身下床的瞬间，我决定辞去工作。

我累了。

在这里要先倒叙一下，为何我会如此爽快地决定离职。

随着业务能力越来越强，渐渐地，为了冲高业绩，我变得有些贪婪——我已能娴熟地运用自身看似诚恳的外形与谈吐，多卖给客户其实并不需要的设计，甚或哄抬设计报价。

读到这里，很多人一定会觉得我疯了（尤其是本章的主角哲学家老板，如果你现在在读这本书的话）。做业务本来就是一个愿打一个愿挨，公司获利才重要啊，业务员若不为公司赚钱，公司留你何用？

是的，这些都没错，直到那些事发生之后。

当年，我曾服务一个有60多年历史的老牌客户，与我对接的是该公司的第二代（小老板）以及部门主管。我们3个年轻人对企业创新很有共识，很快就建立起交情。然而，整个企业实际上由母亲（董事长）主持，小老板与母亲的想法并不一致，母亲是保守派，而儿子想要创新。

起初，我们从简单的杂志稿设计开始合作，到最后小老板委任我协助更新企业的标志。对于一个老牌企业来说，这可是大事。

首次提交方案时，我不知为何身为董事长的母亲尽管列席其中，却好像局外人一样，丝毫没有参与感。

"是不是母子俩闹别扭啦？还是儿子不爱吃今天晚餐的菜，所以妈妈在生闷气呢？"当时我还有心思无聊地臆测，脑袋里有好几个小剧场同时运转。

总之，该次合作的交涉过程一直怪怪的。直到最后，部门主管才在私底下难为情地告诉我，更新企业标志，是小老板单方面的个人意愿，并未与董事长达成共识，母子俩也因此冷战。

随着状态越发胶着，该合作终于走到胎死腹中的地步，但是依约，我必须再收一次费用才算合约终止，可这笔费用一直收不回来。

我尝试多次与部门主管联系，每次电话中，部门主管总是低声下气地频频道歉。而账收不回来，我对公司也难交代，于是我只好持续催讨（依旧有礼貌，但态度越来越坚决）。

就在某天，款项终于寄到公司。我拿起电话想向部门主管道谢，熟悉的分机号码却传来陌生的声音，告知我部门主管已于数天前悄悄离职了。

是的，我害别人丢工作了。

后来从侧面打听，原来是董事长不愿再给付这笔款项，但这笔费用仍在小老板的签核权限内，而部门主管为了替小老板善后，只得依约将款项寄给我，最后部门主管独自承担了此事，随后离职。

"我害别人丢工作了。"我对此非常自责与内疚，心情低落许久，也没有勇气再与对方公司联系，最后以疏远告终。

多年后，有次我与友人在台中某家印度餐厅吃饭，结完账走出门口，竟看见久违的部门主管。我走上前去想打招呼，并表达当年的歉意。

但我们四目相对时，他只是一脸漠然地望着我，视而不见地走进餐厅。

此事藏在我心里多年，这份歉意直到现在还留着，若有天再遇上对方，我仍想向他表示我的歉意。

ЬЬ

那次事件过后，我仍继续业务人生。某一天拜访了一个只有 3 家分店的厨具品牌，该公司只做经销，而老板一心想做品牌。

我清楚地知道，经销商售卖的都是代理产品，做品牌是没意义的。但我又再次利用我那令人信赖的谈话技巧与诚恳的态度，开了一个近 7 位数的签约金额，推荐他做一个根本无须购入的全套品牌识别系统。

对方乖乖签了约，而我也拿到了丰厚的佣金，但我心底却是隐隐不安的。

随着每次提案，我越发感到愧疚，望着坐在老板身旁的老妈妈，每次提案时她都会安静且微笑着听着我们说话，一开口就直称赞设计提案很漂亮，热情招呼我喝茶，与我亲切闲聊，而我只有极大的罪恶感在心里汹涌。

不是我们的设计不值高价，而是我觉得我违背了良知，赚了不该多赚的钱。做业务是要为公司赚钱的，但我一定要用这种方式做这笔生意吗？最后，案子告一段落，顺利将新商标挂上外墙，但最后那不合理的尾款，就在我与公司坦承想法后，老板同意我不再追账，并淡化告终。

至此，我真的开始怀疑自己到底适不适合做业务，是不是应更冷血、更心狠手辣，才能突显我的成就？

这是我真正想要的吗？

66

日子依旧马不停蹄地前进，我开始不快乐起来。每天就是填报价单、请款单，重复而苍白。

这一日，一个穿着朴实的年轻人走进办公室，暂且称他乐天男。他说从网络上看到我们的设计非常喜欢，是循着地址找来的。他想创业开手摇茶店，需要做商业空间设计。简单与他沟通了一会儿，我发现他是白纸一张，完全不懂经营，再加上他找的店面根本不在人流量密集的街区，完全没有客流，开了店一定会倒闭，这笔钱绝对会赔光且害他负债。

我问他是否有一起创业的朋友或是合伙人，乐天男说只有他自己。

我很委婉地劝他别冲动，希望他想清楚经营思路后再来找我们做设计。

乐天男说开茶店是他渴望已久的梦想，钱也存够了。这些日子以来，他四处奔走寻找最好的茶叶与原物料，对产品极有信心，也力邀我试喝他的茶，说绝对与别人不一样。

"我明白。"我说，但开店除了产品好之外，还包含了营运管理、营销策划等，这都是开业极重要的一环，真的没这么容易。

而乐天男再次斩钉截铁地告诉我："好产品会自己说话，我相信日子久了，就一定会有知音上门。"

"是呀，你的产品如果能开口唱饶舌（一般指 rap 歌曲），应该就更好了吧。"我心想。

想了几天后，我决定不再做违背良知的事，便找了借口婉拒，而乐天男不死心继续央求。禁不起他一再纠缠，挣扎数日，我勉强答应。与他讨论开业资金各项支出分配后，把设计费用包含到施工里，几乎没帮公司赚钱。

款项确定后，乐天男乐不可支，我从没看过付钱的比收钱的还开心，只求能帮到他一些忙。

在这之后，设计工作十分顺利地开展，整体空间很有风格与新意。直到进场施工前，我才发现工程材料费用比之前预估的高出一些，与乐天男说明后，我强烈建议他："我请设计师调整，使用替代建材就好，效果保证不会有显著差异。"

他望着报价单犹豫许久："我回去想一下。"

几天后，乐天男出现在公司，从包包里拿出纸袋，里面是几十万追加的工程款现金，几沓钞票还有些湿润，那画面跟早期连续剧里，主角四处筹钱救急的剧情根本没两样。

乐天男说他找亲友周转了，他又说："我梦想的第一家店，一定要做到最好。"

我听完差点昏倒，好想打电话叫他妈妈来把他带回去。

为此，我们起了争执，最后根本是他在游说我增加工程预算，这算什么？

增加预算后施工终于开始了，设备陆续进场，完工后，他的茶店崭新开业。营运一段时日后，起初还热热闹闹的，人潮不断，都是亲友捧场，而我每天下班都会绕过去关心他一下。

开业蜜月期过后，正如我预期的那般，他的生意开始惨淡。起初，乐天男还会打电话给我，聊聊营运状况。我不断建议他应该做些网络广告或任何形式的营销活动，至少先产生一些关注，他始终没听进去。时间一长，也渐渐疏于联系，最终失去音信。

数月后的某个周末黄昏，拜访完客户的回程中，我忽然想起他，便开着车悄悄地绕到茶店附近。远远地，我望见店铺的铁门拉下，门口用几盆盆栽挡住，周边停了摩托车，堆了些杂物。

那绝不是公休时段，他的茶店 100% 歇业了。乐天男为期不到半年的开业梦想宣告结束，但那招牌还新得发亮啊。我独自坐在车里，心情无比复杂。

我忽然意识到：这并不是我要的生活啊。

没多久，我便向公司提交辞呈，结束了 4 年的广告公司人生，心头如释重负。

bb

事实上，我也没想好下一步要怎么走，用现在的话来描述，这就是裸辞。

如果有哪位业务老手看到我这个故事，一定会费尽力气嘲笑我："笨蛋，有钱赚为什么不赚，人生哪儿来这么多负疚感？"

很抱歉，我真的办不到。

世界上有很多职业可选，赚钱当然很重要，但并不是绝对的衡量标准。

我甚至认为，如果你以收入作为衡量工作的唯一价值标准，注定会错过更多可能。

你想成为好公司里的坏人，或是坏公司里的好人？ 我建议你倾听并顺从内心的召唤，相信那些直觉和感受，并认真地回应内心的疑惑。这些都在引领你走出此刻的自己，变成一个你更喜欢的自己。

99

孤独力初级修炼（六）

第一步：关于一份工作到底适不适合，别急着下定论，给自己一些时间，给时间一些时间。

第二步：全身心投入，持续观察这份工作带给自身的细微变化。

第三步：一旦觉察到自身心志已超越工作本身的高度，你可选择继续不费力地高薪低就，或是打碎一切，让自己重新来过，建构新的自我，即便未来吉凶未卜。

07 | 低谷

有趣颇具吸引力，
但仅仅是有趣还远远不够

ᑒᑒ

人有时很奇怪，你明明觉得这不是一个最理想的选择，但就是必须走过这一遭，才知道事情到底有多荒谬，这也是人生的趣味所在。

所以我建议大家，与其没有任何作为，不如试着去做些忠实于内心的选择，让这一生好玩一点儿。

ᑒᑒ

离开广告公司后短暂的失业时光，让我有点茫然，我既不想再回到广告业，也不知道自己还能做什么，简直毫无头绪。找新工作的那些日子，我带着笔记本，又跑到以前常去的那家麦当劳，同样点一份便宜套餐，看免费杂志。当时我迷上了日本漫画，一看就是整个下午——那段日子，我就这样打发时光。

所幸大约一个月后，我找到了一份营销顾问的工作。当时还以为这不过是返回原点重新开始，没想到竟是低谷。

"薪水 2 万。"

新老板是个女性，娇小清秀可爱，暂且称她小仓鼠。从小仓鼠嘴里自信又自若地说出这个薪水数，我瞪大眼睛以为听错了。我在上一家广告公司领的薪水，历经 4 年磨炼，早已远远超出这个数字。听完之后，我当下差点夺门而出，恨不得飞奔回去紧抱哲学家老板的大腿忏悔："对不起！是我错了！我不应该这么任性辞掉工作。"

新单位的规模极小，包含写结案报告的研究员在内，全公司就 6 个人。原来这也是业务性质的工作，除了要做客户开发，也要向客户提案，除了底薪，还有业务奖金，但业务员只有我一个人。

工作内容很简单，就是我去接案子，接回来让研究员分析研究、撰写报告，最后我负责对客户提案与结案。而这份工作真正引发我兴趣的，是涉及了营销研究领域实务：包含品牌测试、包装测试、口味测试，甚至还有电话民意调查，太新奇好玩了，严谨中充满趣味。

以前我读硕士班时，原以为都只是纸上谈兵，但通过这次经验，我才知道那些营销研究调查都是来真的。

就这样，明明已经进入社会 4 年的我，竟答应了这份底薪才 2 万元的工作，如今想来真是太荒谬了。

bb

与小仓鼠谈完后没几天，我就正式入职，她为我职前特训一番，再加上小聪明如我，很快就掌握了业内要领。

总之，这些商业行为，都不脱离社会科学范畴，当中都有通则可依循，只要不是凭空叫我研发火箭，一切都好谈。

就这样，我再度摇身一变，从广告业务成了营销研究顾问专家。这份工作有趣的是，小仓鼠几乎不太约束我，好像很理解我似的，知道我能很完整地掌握全局，我只需要定期更新进度即可。

此外，她也不大管我，以至在这段职业生涯记忆里，她的形象显得有些模糊。每当回忆起她，我也只是记得一张有点可爱的圆圆的脸。

我接的首件商业委托案是台湾知名姜母鸭店连锁品牌，他们希望对分店进行口味调查。

这件委托案起因于这家连锁品牌的某间分店不遵照总店指示，擅自使用自己的配方汤头，生意却是所有分店之中最佳的，这让总部情何以堪？毕竟这种不受总部控制的行为，在连锁餐饮体系中可是大忌。于是，总店为了调查真相以及口味的差异性，委托我们进行访谈。

访谈的重头戏，就是大家常在电影里看到的那种场景：通过一面单透镜，外面看得到里面，而从里面往外面看，就只是一面镜子。客户们会坐在外面不开灯的小房间里，观察里面的访谈过程，一旁还有研究员做同步的录音与记录，一切看起来像煞有介事。

那么，访谈主持人是谁？

当然是我。尽管我完全没有任何访谈经验，全靠过去看过的电影或电视剧来揣摩，心中带着紧张与刺激感。

后来我也做过清酒和香烟的口味调查，过程也都非常有趣。

这份营销工作做了将近一年后，虽然有趣，但薪水始终达不到我理想的状况，而我也感觉玩够了，终于萌生退意。

回首这份工作对我职业生涯最具决定性的启发，就是我突然意识到：过去的经历，不管是有意为之，还是无意学会的，都会在人生的某个重要关头派上用场。

99

孤独力初级修炼（七）

第一步：明确认知，绝对的最佳解决方法不存在于人世间，我们仅能在取舍之中，获得相对最佳的解决方法。

第二步：别小看任何一个荒谬的职场选择，试着从中找出值得学习的价值，然后内化它，转化成你的装备，某天一定会派上用·场。

第三步：试着在每个荒谬的选择中，置入一个孤独的你，接着潜心深入体会。

08 | 恐惧

即便是毫无头绪，
也要表现得若无其事

᛭᛭

什么样的事情，会令你感到恐惧？而人类又为什么需要恐惧这种
情绪？

很年轻时，我常思考"恐惧"这件事，总想尝试探究它。人生际
遇里，我们不断遇到各种困境或挑战。恐惧的生成，常来自对未知的
不理解或无法掌握，你不知道它将如何吞噬你，一下子就把事情想坏。
于是，我们像被制约似的先随便拿一个情绪来搪塞，但很不幸，拿到
的常是恐惧。

所以我们被训练成"一遇到不理解或未知的困境、难题，便双手
一摊，让自己先彻底担心害怕一番"，其实大可不必。

所有来到你眼前的各种职场中的大小事，仅是已生成的现象。多
数是由外在环境造成的，不针对你，也不因你而起，只是刚好发生在

你身上，也无须像煞有介事地把它当成件事。

遇上了，就直接面对它，任凭它在你眼前张牙舞爪或虚张声势，你只要面对就好了。

对，就这么简单。

♭♭

30 岁，正是要在职场风风火火、大展拳脚的时刻。但此时的我，早晨醒来像个废人躺在床上，直盯着天花板，不慌不忙地感受着皮肤上时间的细微流逝。右耳听到爸爸在楼下的咳嗽声，左耳听到窗外街坊夹杂讪笑声的对话，更远一点，听见邮差停下摩托车熄火扯嗓大喊着挂号信。

前几年在广告公司生龙活虎的那段人生，竟像是虚构的一样，仿佛不曾存在。是的，职场似乎已与我无关。

从前面提到的营销顾问公司离开后，我失业了。

那一年，我 30 岁。

那几年，在高速运转的职场生活之下，情绪就像是瞬间被灌进玻璃杯里的冰啤酒，泡沫热烈地涌出。原以为只要这样持续下去，就能被推涌至某种成功状态，30 岁时便能小有作为。而现实根本不是这样，我甚至连边都没靠上，一切就在瞬间戛然而止。

那段失业岁月，有点可笑的是，我表面上对父母谎称自己准备创业，所以先从自由职业做起，但真相是我找不到工作，我不知道要做什么。虽然渴望能进入品牌工作，但要为什么品牌服务，我毫无头绪。

从职场队伍中脱队给人异样的感受。这令我想起小学的升旗典礼，全班都到操场集合，空荡荡的教室只留我一人。外头的训话声在远方缭绕，此刻我感到轻松，却隐隐怀揣不安。

失业那段时间，也并非毫无收入。由于过去在广告公司累积了一些客户人脉，他们喜欢我的文字，有时会外发案子给我，写写软性推广文章、品牌简介什么的。原本对方只是试探性地问我能否帮忙，没想到竟成为我失业期间的主要收入来源，每个月万把块不等地赚。

那段在家待业的日子，我很少说话，也很少与家人交谈，生活中也没什么常往来的朋友。这倒也并非蓄意孤僻，而是我想利用大量独处的时间，持续梳理自己内心要的是什么。

我一周只出门一次，而非得大量说话的时机，就是每个周末的作文课。其实早在哲学家老板的广告公司任职时期，我就开始了这项夜间兼职工作，每周四下班后去代课。没想到这一教竟然教出口碑，在坊间流传着"有个长得很像周杰伦的帅气作文老师"，为此我还取了"张谦"这个补习班老师的笔名。

我一度幻想："难道我要成为电视上所谓的补教名师了吗？"经口耳相传之后，有多家作文班主任打来电话邀我去教课，最后，我选择了每周末跑三家补习班，开启为期将近一年的作文老师生涯。

当补习班老师其实很累，真的没有想象中那么轻松。每个班级十多位学生，上课前我得先备课，教材还是自己编的。每周末上完课，就要改几十份作文，根本就和体力活没两样。上课流程前半段主要是修辞教学、句子与段落练习，后半段出一个作文题目，孩子们会花一个小时将作文写完，有时我也让孩子们写诗，或写短篇科幻故事，等等。

这些男孩与女孩，虽然都还只是小学生，但已有小大人般的烦恼。他们常常会在上课前的时光，围在我的课桌前跟我倾诉，先来的可以站到我旁边靠得近些。倾诉的内容可能是女孩对班上男孩的单恋，或最近哪部偶像剧好好看，学校的谁又捉弄了谁，棒球队教练很凶，不像张谦老师这么好。

我微笑着，静静地听着他们小小的、细细的、轻盈的烦恼。每次去上课的时候，我会买些糖果发给孩子们，我称之为灵感糖，允许一边写作文一边吃，发糖果的时候，他们都满脸高兴地等待着。

66

在这段教作文的生涯中，有件印象深刻的事。

当时的班主任希望我去接一个班级，她为难地说："班上有一位患妥瑞氏症①的男孩，上课常会发出怪声，作文也写得很差。我们把他安排到最后面座位，张老师你可以不用管他，只要他不是太夸张，影响到其他同学就好，很多老师都不想教这个班。"

我明白妥瑞氏症的发作状况，表示无所谓，就接下了作文教学工作。

接手后的第一堂课，我就注意到妥瑞氏症男孩。他皮肤白皙，五官清秀，一脸小帅哥样，但到上课途中就不是这一回事了，他会五官扭曲，无法自制地发出高音频的奇怪叫声，或身体不受控制地抽动。当他踢到前座同学桌椅时，所有人就群起恶意咒骂，好像他本来就应被这样对待。

我见状相当震惊，立即严厉制止，所有人倏地安静。无法想象男孩之前曾遭受多少老师默许的霸凌。我花了一点时间，与学生们讲解妥瑞氏症病征，但小学生似懂非懂的，并未完全听进去。也许人类对于弱势，天生就有种想欺凌的劣根性欲望吧，只不过在社会教化下被压抑了而已。

我尝试让妥瑞氏症男孩有上课参与感，有时会让他朗诵文章，或

---

① 妥瑞氏症，此病症得名于法国妥瑞医生1885年提出的8个病例报告。该病患者会不自主动作及不自主出声。约有50%的患者会伴有注意力缺陷过动症。

到前面写黑板练习，分散注意力，也让他跟同学对话互动；写作文时，我会多花些时间耐心教导他。

他进步得很快，只是有时写得比较慢，因为他的脑袋很辛苦地在跟妥瑞氏症打架，打赢了才能继续写。

没多久，他已能独力完成一篇 600 字的作文，字里行间充满青涩丰富的灵感与想象，我觉得很有成就感。

那天晚上下课准备离开时，我在作文班门口遇到刚下班、匆匆赶来的接妥瑞氏症男孩的妈妈。那男孩的妈妈见到我，满脸开心地向我道谢，更激动地说，当她第一次看到孩子独立完成的作文时，忍不住眼睛泛泪，从不知孩子能写出这样好的文章。

我微笑着看着这位妈妈，心中百感交集。忽然记起作文班铁门已经拉下了，只好匆匆与孩子和妈妈告别后，火速跳上车发动引擎直奔回家。

𝄻𝄻

最终，这为期不到一年的待业时光就要告一段落。与孩子们相处的这段教作文课的时间，竟是我人生中最快乐的日子之一。

事后回想，这种实验般的生活，其实相当充实。在那之后没多久，我就要准备再次投入职场，也不再教作文了。当年的自己，也许是与心中的孤独自留地最贴近的一段。

尽管失业、靠着接零星的工作赚钱，我仍毫不气馁，也没有太多的负面情绪，就只是若无其事地继续生活。孤独一直伺机成为笼罩并吞噬我的庞然大物，但当我走过后回头看，原来它只是坐在窗边的一只黑猫。

回想自己 30 岁的职业生涯，好像只交了一张及格考卷。之后，我收到了新的入职通知，就要展开下一场的职场生涯，没想到这竟是个令我大开眼界的新开始。

99

孤独力初级修炼（八）

第一步：当恐惧来到眼前时，别慌，让孤独的内核运作起来，尽量表现得若无其事就好。

第二步：一边实验性地生活，继续推进，同时伺机感知，并搜寻新的机会与可能。

第三步：当进入平稳且毫无变化的安逸状态时，机会也成熟了，这就是你重新思考新方向的时刻。

Part 2

不合群是表面的孤独，合群是内心的孤独

职场里的潜规则都是为了具有从众特质的人精心准备的。

从众者一看到规矩就害怕，就不加分析地遵守，

好像生怕被看穿自己并不合群似的。

当你养成从众性格，无论转换多少次工作，

也只是换个场景持续被奴役罢了。

最终每段职业经历都是平移状态，从未垂直成长。

01 ｜ 从众

别人都那样的时候，
你可以选择不那样

bb

　　职场里的潜规则其实都是为具有从众特质的人准备的。比如，热衷茶水间文化、热衷参与办公室闲扯、热衷看似热闹的团队生活，渴望抱团取暖，以及经营小圈子文化，但在这些伪装的光鲜背后，现实生活大多贫乏得可以，更是毫无思想可言。

　　人生倏地一眼望到头，蓦然回首竟已来到中年，什么都没有，有的人甚至活得捉襟见肘，光想到此就令人不寒而栗。

　　面对职场里的潜规则，形成独立的思考很重要。你可以借此判断，眼前这个现状或规定是否值得维持与遵守、能不能选择性在意就好？或者根本不用理会、直接忽略，建构出一个自我评判的系统。它像个滤筛一样，只留需要的，不需要的就放弃，连想都不想。

ьь

你想过没有，你究竟想通过职场获得什么？

我并非鼓励大家挑战职场文化，或非得与资方站在对立面不可。相反地，我想建议大家遵循职场文化脉络、认清局势，了解来龙去脉，多动脑筋思考；同时保持淡定，你渐渐就会洞悉眼前的一切。

当我开始写这本书的时候，就决定不用心灵鸡汤或毒鸡汤的语境，来恐吓读者职场有多复杂、多凶险或多难以生存，应该如何或不应该如何。

就我的观点来看，那些说法说到底都是不存在的主观臆想。我从来都认为职场根本不复杂。

大体上说，我们与职场之间，只是供给与需求的关系，彼此都在力求一个对等的立场，有了对等关系，就能有话语权，就能对职场获得相对主导权。而所谓话语权，就是你累积的被利用价值。

所以，我想一再恳切地告诉读者，他人嘴里无关紧要的职场潜规则，就算被说了或被无端臆测了，都与你无关，也根本无须解释。

别轻易让别有用心的人有机可乘。有句话说得好：让子弹飞一会儿，等他们演得累了、乏了，再来看怎么收拾这些人。而从头到尾，你还是你自己，你的状态从未单方面被改变、从未被影响，你还是完整、只专注于当前工作的自己。

想清楚这些后，才开始参与工作，这是相当重要的顺序。

bb

再次踏进几年前担任广告业务时曾拜访过的公司，感觉有些怪异。当年生意没做成，现在竟成了他们的员工。

新公司是知名的餐饮集团，旗下拥有多个品牌与分店，包含中式连锁餐饮品牌、高档法餐品牌等。这回，我拿到品牌经理的职衔，第一次从乙方跳到甲方，对所有事都感到新鲜。

虽然是第一次接触并能独立做品牌管理，但关乎最终决策时，还是得听老板的，小到一张广告设计稿或是菜单，都得先给上头过目。我的工作内容除了例行营销活动与公关安排之外，更多的时候需要跟新老板做品牌方向的思想沟通，以及回应他许多疯狂的念头。

新老板想法多变且灵活跳跃，怪招一堆，让人应接不暇；我常觉得他的想法就像洋葱，剥了好几层后，以为已经剥完了，没想到，竟然还有好几层，着实难以捉摸。在还没能习得品牌管理经验之前，真正让我在他身上大量学习到的，是相当珍贵的职场关系揣摩，每日秘而不宣的浇灌，让我迅速成长。

为何称他科学家？

这个绰号来自我崇拜他热衷于各式料理研发、天马行空的性格，富有创新思维、勇于尝试的精神。就算新菜品卖得奇差无比，他也毫不气馁，他真值得这个称号。我也从公司历史资料中，读到他白手起家的传奇过程，至此终于明白，他是认真热爱美食的。每道料理都隐藏了他的许多故事与意念，充满热情。食材新鲜、料理方式简单，但分量十足、价格平实、口味出色。

我从心底认定，他是一位餐饮实业家。

ЬЬ

为科学家老板工作了将近两年时间，他的特质非常鲜明且单一，永远不变的就是"变"，这让我吃尽苦头。

至于当年，他为何选中毫无品牌管理经验的我，迄今我仍不甚明白。

刚开始入职3个月温馨蜜月期的时候，科学家老板对我还算礼遇。当蜜月期一过，职场画风忽然变得无比写实。

"力中，我认为你应该如何"；

"力中，不要揣摩我的想法"；

"力中，这样很不妥当"；

"力中……"

每天上班，都能听到他对我的各种花式要求。科学家老板心思极为细腻，语意里时而藏有弦外之音，我竟丝毫没意识到。有时明明已照科学家老板的意思去做了，却总无法做到他想要的。

后来，我变得行事犹豫、裹足不前。科学家老板通常会用短信对我交代工作，而我常端详着短信失神——这句话到底是什么意思？他希望我怎么做？他究竟在想什么？然而，他最常叮嘱我的一句话就是"不要揣摩我的意思"。

语落至此，我必须自发性地对这条该死的短信填入一些字（用现在的话来说就是脑补），一再斟酌或琢磨，每次回复他一封短信至少得花半个小时，几乎到了草木皆兵、疑神疑鬼的程度。

通常往返数次之后，如果他没进一步回复我，沉默即代表他勉强认同，但我从不认为他满意过。

事情当然没这么简单。有好几次我都以为已安全过关，然而他会在隔天一早再把我叫进他的办公室，严厉地对我训话好一段时间。

他喊我过去时，都令我不寒而栗，这根本是恐怖益智游戏嘛。当时我常感觉，他这是在想尽各种办法折磨我，但我找不到任何动机。

66

科学家老板不折磨我时，我必须熟知集团内各品牌的脉络与故事，了解各分店经营与营收状况，强记每位店长的名字与长相、背下每一份菜单与售价，以及每道料理的制作方式与特色，等等，并暗中理解职场生存环境。

同时我也得与大家建立友好关系，表现出良善好相处的模样。我的思维被掰碎、裂解成好几个部分，疲于回应来自各方的信息。

工作至此，我已觉迷失，天天遭受精神折磨，心思紊乱。

尽管我每天衣着光鲜地踏入办公室，顶着一个响亮的头衔，却从没人知道我已痛苦不堪。终日活像一块被两面香煎的台南虱目鱼肚，每天都很抗拒上班，想放弃的念头时而浮现。

更不幸的是，后来我又听闻，坐上这个位子的人刚开始科学家老板都是礼遇有加，但3个月过后，通常就与科学家老板不欢而散，甚至还有人私下打赌我能撑多久。

终于，在某个被科学家老板言语凌迟后的日常午后，我感觉到了所有的一切应在此刻结束。

我疲倦地回到座位，茫然望向整间办公室，闹腾的环境里，人人依旧各自忙碌，只有一个孤独的我。接近下班时间，我好想逃回家。没多久，有位同事在我之后，也向科学家老板做工作汇报。从办公室里传出高声对话。科学家老板依旧利用他的言语凌迟那位同事。而同事谈吐之间，就像是打太极一样，四两拨千斤地夹带笑声，利用各种说法应付着科学家老板。最后，科学家老板像是被成功安抚般地静了下来，办公室再没传出对话声，同事全身而退，毫发无伤。

同事背对科学家老板走出办公室时，本来堆满笑意的脸倏地冷却，面无表情地离开，我捕捉到了这一幕。

66

那一瞬间，我像是悟到了什么。回想几个月前，当时科学家老板找上我，犹记得与他的对话中，我理解他想让品牌有些改变，于是他大量尝试各种可能，像病急乱投医，寻求各方意见，包括找我出任品牌经理。

然而，科学家老板长期听取来自四面八方的意见，最终导致想法任性多变，到最后所有决策也变得犹豫而不确定，渐渐也对部属缺乏信任。重点是，他的精神折磨是对所有人都如此，并非只针对我。

到最后，多数人为了避免惹上麻烦，选择接受折磨或敷衍他，只求每次能安然渡过危机，或干脆辞职不干，当他是疯子。

写到这里，也许大家会以为，我悟到的答案为："那么，我也来跟着敷衍科学家老板吧。"

不，我只问了自己一句话："你想帮助他吗？"

最终，我没有为了生存，决定加入敷衍老板的行列，抱歉，我做不到。

如果要让这段职场关系产生价值与意义，我知道，我将会选一条痛苦的路，必须做些改变，尝试继续走下去。

因此，我的结论是，我想帮助他，也是帮助我自己。

下班了，我在电梯口遇到科学家老板。他在等另一部直达地下停车场的电梯。而我若无其事地走到他身旁，微笑着对他说："老板，慢走。"他侧着脸瞄了我一眼，始终没转过头看我，接着他似乎压抑了惊讶的情绪，点了点头。

我猜他认为，这次之后，我应该就会辞职了，就像过去被他惹怒的那些品牌经理们，但我没有。

回家路上，我沉淀思绪，重新架构思想体系。那一刻，我像是重获新生一样，终于找到通关钥匙，从未如此期待明日到来。

你说职场有多好玩，就有多好玩。

99

孤独力中级修炼（一）

第一步：尝试做一个不一样的自己。设计自己，让自己也让别人感觉到你不太一样。

第二步：如果觉得眼下的一切毫无意义，你至少要试过一次，想办法让它变得有意义。

第三步：别惊慌，别声张。不动声色地理解它、改变它，直到取得成功。

02 | 立场

弄虚但不作假，
圆滑但不世故

bb

职场关系最难处理的就是发生争执过后的情绪，那种争吵过后的浓重情绪，似乎一直弥漫于双方之间，挥之不去，有时也影响了整个办公室气氛。轻则数日让对方不开心，重则直接导致关系决裂，你们终将成为彼此的敌人，这是职场争执中常上演的剧情。

如果争吵对象是同事，可能因为对方调离部门，或其中一人离职，大戏就能收场；但对象如果是发薪水给你的老板，事情就似乎变得有些棘手。

与老板起了冲突后，多数人第一个念头就是立刻打包辞职，别无他法，好像逃避是唯一途径，离开前还顺便发泄咒骂几句。

那么，要如何面对老板盛怒后遗留的情绪？

　　唯有一个方法，就是"表现得若无其事"。进一步准确地说，并非表现得毫不在乎或无视他，而是用另一种"寻常且认真的工作情绪与态度"来对待他，将焦点转移到工作本身，就像争执从未发生过似的。

　　你必须先清空自己的情绪，放下"执念"，把彼此之间的心理宽容度全数留给老板，等他冷静清醒后，自然也会相对放下情绪执念。

　　总而言之，先将盛怒淡化，后续才有戏唱。

　　你问："为何要如此大费周章？太麻烦了。"

　　我想提醒你的是，如果每段职场关系，一遇到不开心就以翻脸收场、负气离开，那绝对是自己太廉价的表现。

66

　　很多时候，作为一个职场人，我们常习惯只想着自己，这并不为过。但你可以尝试换位思考，想一下你眼前这个老板，每个月要发给几百名员工薪水、照顾那么多家庭，他压力巨大，我辈皆平凡人，谁都有情绪。

　　偶尔让他发泄，而如果此刻你能为他分担情绪，对他体谅一下，你不会有损失；他也能从你身上获得情绪支持，你们之间，就能产生不太一样的化学变化。

情绪有了出口，就能产生默契。而这样的默契，能为持续努力工作的你，在日后的表现上获得更多好感。看似你在帮他，实则你在帮自己。

你可能又会问："我总不可能一直当受气包吧？"当然不。在这过程中，你也在通过工作夯实自己的实力、提升你的话语权与价值。

记得曾看过好莱坞女艺人刘玉玲在一个专访中表示，自己有个"去你的基金"，对她而言，所有的事情都是生意，所以她努力赚钱，并把这些钱称为"去你的基金"。当哪天她再也不想干眼下的工作时，因为口袋满满，她便能豪爽地决定自己的去留。

是的，在职场中，我建议各位用工作实力为自己累积一笔"去你的基金"，不论是存钱或磨炼实力。当真正到了那一天的时候，你不会是负气离开，是以一身本领（或至少有积蓄）潇洒告别。

▜▛

说来也神奇，自从与科学家老板改变相处模式后，事情有了不可思议的转变。我与科学家老板之间的互动，几乎不再存在着情绪抵触的别扭尴尬，他突然开始善待我。

比起过去，他不再对我任性挑剔，我们可以理性沟通了。但劣根性难改，科学家老板有时还是忍不住奚落我几句，我就当他在淘气。

之后，科学家老板让我进到公司的核心决策圈，另外还有一位女性高管、行政主厨、中央厨房厂长与另一位营销同事，固定成员就我们6人，形成一个共识决策团体，当然最后拍板的仍是科学家老板。

我的工作范围主要分为两大块，一块主要是负责品牌公关与协同营销的工作事务，另一块就是跟着科学家老板各种疯狂试菜研发。

试菜，是我人生中非常难忘的时光，跟着科学家老板工作的这段时间，我与其他同事的味蕾和对食材的鉴别度，都被科学家老板善待与提升到一个高度。在从事这份工作之前，我对于饮食其实不太讲究。前面已经提过无数次，我最喜欢去麦当劳吃便宜的套餐。而科学家老板是一个非常大方的老板，每次只要发现新食材，便会迫不及待地把大家找来试菜，并热切地与众人分享心得，他终究是个热情的汉子。

试菜分成两种模式：一种是中式连锁餐饮品牌的试菜，另一种则是法餐厅的试菜。

所谓试菜，也不是随意吃吃喝喝的联谊会，这当中具有高度的专业含量。大致上是这样的，首先试菜者要能尝出主要食材原味特性、新鲜与否，然后是口感，接着是整体料理风味，最后是卖相，再依据分量计算出成本。试菜也要讨论食材利用率等成本因素、订立售价并评估合理性，最后定出上市时间。

各位可以试想一下：如果尝一口食物后轮流发言时，所有人盯着你，你却说不出任何意见，这可不是一般美食旅行节目胡乱搞笑便能说得过的。你也不能说"我吃不出来有什么特别"，这种话多讲了几次后，你就可能被剔除在核心圈外了。

换句话说，这场看似享受的美食体验，表现的既是工作专业，也是职场角力，对话情境看似温馨，实而暗潮汹涌，不可不慎。

bb

试菜餐桌上的发言，着实让人压力巨大，常令人脊背发凉。同时，轮流发言的过程中也充满职场智慧，不是你想说什么就能说什么的，但你也不能什么都不说。

首先，绝对不能直接批评料理风味，因为行政主厨就在对面看着你；也不能直接批评食材质量，因为中央厨房厂长（有时是采购人员）也在看着你。总之，如何表现得一团和气，又能表达自己的意见，那真的是门艺术。

更关键的是，有时候食材是科学家兴冲冲去找来献宝的，你总不好辜负他的一番热诚，否则人家一定卷起袖子问你："你想做什么，想吵架吗？"

我先承认，最开始我都是胡诌，当时味蕾迟钝，根本吃不出好坏。有时，我不会拿到一股脑儿就吃，会先兴致高昂地询问一些问题：食材产地、特色、缘由等，被问的人感到被重视了，就会滔滔不绝地回答，愉快地打开大家的用餐兴致，这也是很重要的。

之后，在接受科学家老板一次又一次的试菜训练后，我持续观察与临摹身边的人，每个人都像艺术家似的，能精准流畅地评论食材特性优劣、风味层次等。

慢慢地，我终于也能好好地评论一番了。

"为了之后营销推广时，能更吸引顾客，我想是否有机会能针对料理卖相再多做一些表现呢？想请教行政主厨这部分有没有实现的可能。然后料理本身，我个人非常喜欢……"这一连串发言之后，我只需要再对菜色命名提出一点简单意见即可。

聪明的读者一定看出来了，我成功表达了一种"过多赘词的空灵语境"，但所有人都听得懂。

我既提出了建议，却没要求谁非做不可，尤其这委婉的要求是站在个人专业立场，没损人也没践踏别人的专业，最后还不忘称赞一番。

你也许会说我假，实际上在这种地方较真，一点意义也没有。

我想表达的是，此类场合应该说好不说坏。在场每个人各有专业，就针对自己的专业领域发表意见即可，不要抢了别人的话去说。

除了中餐试菜之外，法餐厅试菜也是重头戏。当日不能吃午餐，要空腹前往。法餐从前菜到甜点有 7 道左右，常常得从下午试到晚上。试菜前，旁边会准备一台磅秤，要做食材净重的称重记录，接着再称总重量，看是否适合男性（或女性）一餐能负担的分量，还要让人觉得恰到好处不过饱，整个过程像极了科学实验。

这段经历是我味蕾的辉煌时光，所有关于法国料理的食材与珍馐，我几乎都尝尽了。听着眼前主厨一道一道介绍，就像是为料理戴上一顶又一顶的华美高帽，色香味俱全。

bb

有时候这些试菜料理实在太好吃了，我会忍不住扭头对科学家老板说："老板，这个真的很好吃，下次可以再吃这道料理吗？"面对我直接又真诚的表述，他总是一脸诧异或是无措，继而难为情地点点头。

我想，他可能没遇过这么真性情还带点疯狂的部属吧。毕竟大部分的人，都一味拘谨地想敷衍他，或是虚假的奉承打发他，但我看穿了他的本质，这样的老板虽然已届中年，但还是有最本真、最毫无防备的品性。

那些过去曾遭受的精神虐待，我终究没有逃避地直接面对了它，更把它扭转过来，它不再是魔障，反而淡得像晨雾般，日出一照就散逸。

当年试菜的无数个夜晚，与科学家老板以及同事们，后来就像家人聚在餐桌前一样，吃着、谈着，热络自在。有时科学家老板还会带上几瓶红酒佐餐，大家都喝得微醺陶然。我望向窗外，月色迷蒙。

我淡淡地看着笑得开心、极为放松的科学家老板，好像感觉他也没那么尖酸，还带着点沉静，可能他也有些孤独吧。

99

孤独力中级修炼（二）

第一步：直接面对每个困境，视情绪为无物，若无其事是最好的处理方式。

第二步：必要时，在没有利害关系的场合，展现自己某一面的真性情，蓄意设计一个让人听了舒服的话题，能让他人更理解你。

第三步：善用自身的开放心态换取对方的开放心态，所有事情都会变得有意义。

03 | 心态

没有真正的失败，
只是成功的程度不同而已

ᏏᏏ

身在职场，你有没有自信心？大家读到这里，可能不免嗤之以鼻："你问的这是什么小学生问题？"

我发现，所有在职场中没有自信的人，并不是蓄意作茧自缚或画地为牢，而是他们没有认清问题的真正症结，以致无法分解这种情绪，进而击破它，令其不成为障碍。

于是，无论工作再怎么换，都只是在畏缩与设限。他们不断自我怀疑，从未真正相信自己，最终害得自己无法在职场中发挥天赋，也错失了更多可能性。

自信与否，与前文提及的"恐惧"，对个人在职场发展的作用不尽相同。恐惧仅是当下的消极心理状态，自信则是一种毫无根据的暗示性情绪，具有鼓舞效果。

　　自信心越大，你对眼前的新任务或是职场困境，就越有勇气接受、征服或跨越，这是好的结果。

bb

没有自信心怎么办，直接举白旗投降？当然不！

　　这里要为读者捕捉一个关键词——"毫无根据"。

　　自信心的源起，大部分是从客观条件评估而产生的，更多的是一种无以名状的、毫无根据的冲动性情绪，类似通过肾上腺素所催生出的本能。因此，我想建议大家，当你必须接受职场中给予的新挑战时，无论你是看起来很有自信，或是一脸担忧没自信，你都得去做。既然如此，何不直接跳过自我评定自信与否的步骤，就保持平静、心性坦然，接受并马上行动。

　　如果你还是很没信心，不妨这样想，上司又不是要你在三天内就发明能飞上天的火箭，真有这么困难吗？

　　无论是恐惧还是没有自信心，都是人们对未知感到无法掌握而产生的负面预期，其实，那都是毫无根据的臆测。只要开始做了，相信我，所有的解决方法就会在过程中孕育展开，由你去捕捉，担心再多都是多余。

你所想象的困境大多数都不会出现，况且你都能想到困境了，何不再多想一点，找出如何解决困境的方法，总而言之一句老话："干就对了。"

♭♭

品牌经理的工作，绝不是只有陪客户吃吃喝喝这么简单。还记得前文提及的那位核心决策圈里的女高管吗？她才是我在组织体系中真正的直接主管，暂时称她为孔雀小姐。

印象中，她身段姿态极美，但一脸严肃。在接下这份工作之前，过去我对于品牌与营销的经验，都来自服务广告客户的过程中所理解的部分，此番进了这家新公司，我终于窥得全貌。

由科学家老板创立的这个餐饮集团，已奠定了良好的营运基础与餐饮质量，但在品牌识别上，始终无法更进一步创新拔高。据我观察，餐饮业其实是传统产业，固定成本高、毛利低，在达到一定的经济规模之前，不适合投入太大量的营销预算经营品牌。

这就回到鸡生蛋蛋生鸡的问题：是要先把品牌做大，还是先保住营收？这没有标准答案，但科学家老板选择了后者。简单来说，就是要在没有投入太多资源的情况下就开始做营销，然后预期此举可增加营收。这一役根本是需要我使出浑身解数并脑洞大开。

完全没有充裕的预算，该怎么做营销？这又燃起了我极大的兴趣。

孔雀小姐是财务专业出身，在这段工作历程中，她给了我很好的财务训练，我学会了如何看账，如何从营收与成本数字之间找出问题。当我理解营收状况后，我开始思考怎么通过有效的营销策略撬动营收；每一个步骤与细节，都有孔雀小姐非常严厉的检视，每次递交方案时，我都觉得自己像是小学生在交考卷。

有些品牌或是营销的经理人，都习惯一开始便握着大把预算资源挥霍，活动办得热闹，外表看似风光，一旦到了需要检验预算支出与绩效之间的联动关系时，往往难以提出合理解释；或是一没了预算，就不知道怎么做营销。而当我理解了公司实际期望时，当下便决定先要对营收产生实质贡献，再来谈怎么让品牌增值。

用大白话来说，那时的我必须完成两个目标：科学家老板想让品牌更有名，孔雀小姐希望看到营收增长。孤独如我，毫无外援，但当年好像也没有什么害怕的情绪，就是默默地盘算，开始想办法。

我进一步分析问题，所谓没有营销预算，是不对外部媒体端做广告投放，也就是不撒钱打广告。唯一能花钱的，只有寄给会员的印刷品、短信。大致上就是周年庆、会员生日礼、会员独享优惠限定或新品推荐优惠等，发发短信、寄寄 EDM，效果非常好。

我们还曾做过一系列接地气的活动道具，包含喜气摸彩箱、扭蛋机、超大骰子、转圆桌射飞镖，就像在做家庭代工一样，众人常常加班参与协助制作。这些道具长年堆在仓库间，一用再用，破损的部分也一补再补。

总之，与现在灵活的网络营销相比，这些做法似乎都已过时式微。此刻的分享，就让读者们缅怀一下。

ㄅㄅ

那些已离开的品牌前经理人，常吹嘘一番后，发现没钱做营销，就什么也没做成，跟科学家老板吵完架就走人。他们始终没有认清现实需求，总是在用自己的想法想事情，与公司背离，最终没有交集，渐行渐远。

我建议大家换位思考，先厘清公司现在需要什么，你得先想办法满足它，无论你握有多少资源，都得尽最大力量。当取得发言权、位子坐稳后，接下来才有资格做自己想做且能有话语权的事情。

我没什么品牌管理经验，也不知道所谓的品牌与营销到底应该怎么做，但我是从心底不相信所谓的专家。

营销学是社会科学与经验法则的结合，你不亲自去做、没用双手摸过一回，怎么能知道那究竟是怎么回事？而市场是诡谲的，不可能靠着一招打天下，总得顺势而为、随时校准。尽管最后我用自己的方法，取得了令企业满意的效果，我也不觉得自己是专家。

世界上没有所谓不可能的事，所有的事情都能谈，并能谈出一个新的结果；就算没谈成，也不会有实质性损失。

所以，没有所谓真正的失败，只有付出努力之后，成功到什么程度而已。常动脑、有付出，就会有收获。

99

孤独力中级修炼（三）

第一步：省略对自己自信心与否的评估，当明天的太阳一升起，就去接受挑战、就去做。

第二步：除了发明火箭之外，所有事情都不离社会科学与经验法则。不用害怕自己不懂，不懂就耐心去搞懂，没有什么大道理。

第三步：当你总是平心静气地好好完成所有工作或挑战，就不会再围于"有没有自信心"这样的问题，你将变得自由而有力量。

每次从地铁站走回家的路上
是最放松的时刻。
夕阳西下，晚霞沉沉，
嘈杂喧嚣的街道，
来来往往的人群，
听着耳机里的音乐，
看着路边叫卖的小贩，
忽然觉得这样车水马龙的人间
是值得活的。

所有来到你眼前的各种大小事，

多数是外部环境造成的，

不针对你，

也不因你而起，

只是刚好发生在你身上，

也无须像煞有介事地把它当成件事。

遇上了，

就直接面对它，

任凭它在你眼前张牙舞爪或虚张声势，

你直接面对就好了。

你得把自己敞开，

先蓄意让别人从工作的互动中，

充分理解你的职场性格，

同时为了尽可能让所有人能从言行中理解你，

你也能借此找出频率相近者。

实际上，他们所看到的，

是你蓄意设计想给他们看到的。

反之，你看到的，

也是他们蓄意想给你看的。

You

are

alone

Not

Lonely

真正的职场关系，
并非相敬如宾，礼尚往来，
那并不会留下痕迹。
是要在历经过各种争执、冲突、磨炼，
最后还能留下并培养感情与默契，
有所升华，
那才是在职场关系中酝酿出来的佳境。

04 | 耐心

所有的折磨都是铺垫，
耐心能让你看起来更有底气

ᴸᴸ

你是否也曾被工作中的各种状况，逼迫至生无可恋？我并不是要给大家什么温情鼓励，实际上我既没有方法，也不想用所谓心灵鸡汤鼓舞各位。

面对职场上太多的不合理，除了前文提及的"视荒谬为常态""表现得若无其事"外，最后再用"无赖的性格"直接面对。

我想强调的是，"去遗绪"（去除遗留的情绪）是职场中很重要的一种能力，通常你会认为工作窒碍难行，或觉得与从属之间的人际关系，已交恶到无法挽回的地步，那都是因为你不知道如何去改变语境，或不知如何重新调校彼此的关系，回到中性的理性状态，然后慢慢成为积怨，进而变得一发不可收拾。

职场的正道，是理性平和、待人和善，偶尔美言，但绝不做无谓的逢迎。在这样的基础之上，遇事充满耐心，适时利用专业，去引导事情往对的方向发展，或往好的方向收尾。

ᑔᑕ

不能太创新，又不能一成不变，那要怎么做？

还记得之前曾提到的吗？科学家老板有事必躬亲的特质，小到连一张广告稿或一个包装设计，都必须经过他签核才能放行；而孔雀小姐则是在投入与产出间，追求成本极小化、利润极大化。

在企业管理的大原则下，这两位的想法都没错，但对于事情的认知程度却有所不同，通常老板或主管看一件事情，都比我想得更深、更远，导致我必须全力追逐他们心中的目标，直到认知一致，到了那时候也已筋疲力尽。

过去那些离开的品牌经理，似乎都是受不了两位上司这样近乎苛刻的态度。而在服务他们的一年多时间中，我孤独地反复思量，一边领受，一边沉淀，慢慢领悟到诀窍。

还记得当时，中式餐饮每季都会推出会员刊物，内容大致为当季新菜品推荐、品牌新闻与会员优惠等。让人苦恼的是，孔雀小姐比较保守，而偏偏餐饮业要求不断推出新菜品。

　　痛苦如我，常只能在这样的限制条件下，让团队里的设计师求新求变。不能太创新，又不能一成不变，所以常常会员刊物的设计必须一改再改，改到第八、第九、第十版都还不够，有时改到第十版又会回过头选第三版。

　　像这样的反反复复，免不了让人怀疑是不是主管有针对性地在为难人，或想法诡谲多变。我认为，他们也只是凡人，拿不定主意而已。

ьь

　　作为下属，我们唯一能做的，就是耐心陪上司走过这段犹豫期。等到他们自己也毫无头绪时，就是你的机会了，这也就是所谓"向上管理"。

　　当上司把提案改到一个令人觉得生无可恋的状态时，通常我会暗中施力，引导他们选择一个相对好的方案，作出专业见解与判断，让他们理解、认可、接受。坦白地说，那些坚持或挑剔到最后，他们自己也会陷入迷茫。你所需要做的，是带着他们继续把事情完成。

　　记住，事情能完成才是最重要的。有些过程就是要耐心地去度过、倾听对方，让他完整表达或发泄完，再慢慢带着他走至收尾阶段。经过一次又一次，你耐心的付出都会转变成主管对你信任的依据。

　　到后期，孔雀小姐渐渐不再那么苛刻与挑剔。慢慢地，我也能决定一些刊物设计走向，她也不再有过多意见。

我不禁怀疑，那些被折磨后而离开的品牌前经理人，或许就是不够耐心，所以抱憾没能看到最后的风景。那些折磨，最终都沦落成无谓的牺牲。

ьь

科学家老板对我的挑剔也从没少过。犹记当时，向他提交各种设计或营销方案时，根本就像在参加辩论赛，为了应付他各种刁钻想法，我完全疲于接招。

随着提案次数增多，我慢慢尝试理解科学家老板，他想的真的有点多，有时甚至无理，但出发点都是为了能带给顾客更好的体验感受，这一点我感同身受。对于我而言，我存在的最大理由，就是服务他、协助他将所有奇怪的想法实现。像这样创办人色彩浓厚的企业，先不谈施展专业能力，首要的是得先取得老板认同，过程中付出的代价都是在磨炼心性。

科学家老板每次极尽挑剔之后的隔日，双方仍必须接续讨论。那时，他总以为我会带着昨日的情绪前来，让他有机可乘，借此拉长战线，继续昨日的战争。可惜的是，我从没让他得逞。当下次再次接触时，或新局面再起时，我总是会状似平静轻松，若无其事地与科学家老板打招呼："老板好，根据上次结论，我们有了新的想法，想再与老板讨论。"就像什么事情都没发生过，只聚焦于工作本身。

这里的重点是，如果我本身没有留下昨日的情绪，科学家老板就无法再起硝烟。而在来回讨论的过程中，我没忘记适时展现专业实力说服他，一次又一次地，我给了科学家老板最多的转换空间，更多的是我想通过这些磨砺，换取了宝贵的话语权。

就算提案往返十几次，过程中我从没对他当面生气过，或表达负面情绪。就是耐心倾听，平心静气，适时给出想法与建议。有时还必须接受科学家老板的挑衅或讥笑："等一下，怎么都是我在想？我是老板，你都不用想啊？"

这时，我就平静地笑笑看着他，如果当下对话语境是相对轻松的，我还会貌似诚恳地带着微笑："对啊，老板辛苦了。"眼见科学家老板一愣，我会立刻补上："没有啦，这是玩笑话，真要谢谢老板，让您多费心，跟着老板理解，我也学到很多。"这句回复，迅速消解了上司与下属的对立状态，气氛转为朋友之间的商讨。

耐心的过程，不只是被动地折磨与消磨而已，仍是要适时切入专业判断与意见，争取未来的提案谈话筹码。在过程中，科学家老板偶尔觉得我言之有理，竟开始采纳我的意见。

建立起互信基础后，他慢慢地不再事必躬亲，我也争取到发挥专业的空间。

所有的折磨都是铺垫、都有价值，但必须有耐心。耐心能让你看起来更有底气，深不可测。

bb

记得那年，我负责的另一个法餐厅品牌，与某顶级信用卡进行营销合作。经过多次来回商讨精算之后，我们给出一个超低折扣，打算用短时间迅速扩大品牌影响。方案执行前，我已反复与孔雀小姐确认，才把资料寄给信用卡公司。

活动启动后，信用卡公司寄来一份印刷样品，我看到印刷品后全身颤抖不已：上面写成了更低的折扣数，活动有效期更长——我给错资料了。现行版本的测算，可能几乎赔钱卖，但信息已全部散播出去，也不可能擅自追回更改，这将严重影响公司的商业信誉。

当天得知消息时，我毫无心思上班，这显然是工作失误。在钱的事情上犯错，踩到孔雀小姐的大忌。我不知如何向她开口，一直神情恍惚地撑到下班，见她还在加班，我鼓起勇气，抱着必死的决心走进她的办公室。

一坐下来，我如实上报，整个人形容枯槁、面如死灰，这下我根本玩不出什么花样，准备受死。当与孔雀小姐描述完所有状况后，我猜我可能会被严厉地惩处，年终被打一个很低的考核业绩分。但我更气的是自己怎么会犯这种低级错误！别说是主管了，连我都无法原谅自己，心情异常低落。

"我知道了，那就照这样下去做吧。"孔雀小姐盯着我的眼睛，对我说出这句话。嗯，我认为她可能没有听清楚我说的，于是，我再次复述了这个赔钱方案，并且非常诚恳地向她道歉，令公司蒙受可能的损失，我会好好自省。

"我知道，既然已经对顾客承诺了，我们就必须说到做到，就算公司会赔钱也要做。"孔雀小姐继续说，"我知道你工作一直很细心，也很有耐心，这种无心的失误，就当作一个教训，下次细心点。"

那一瞬间，我仿佛看到孔雀小姐身后散发出圣母一般的光芒，从未感受过她如此和蔼，整个人如释重负。连声道谢后，就退出她的办公室，危机解除。

长期以来，一直以为都是我在给出回旋余地，没想到在这个关键时刻，孔雀小姐也给了我一次宽容，我感受到无比的包容。我、孔雀小姐、科学家老板，在这些不断纠葛的历程之后，终究形成了良好的互动与互信。我终究靠着自己的努力，扭转劣势，将自己推上位，职场生活日益顺遂。

然而，最终为什么还是要离开呢？是因为我仍旧倾听了内心那个孤独的召唤，选择走向另一场新的旅途。

99

孤独力中级修炼（四）

第一步：“去遗留情绪”的修炼很重要，忘却上次的不愉快，每一次见面都是新的语境、新的开始。

第二步：耐心地、若无其事地面对职场的所有磨难，这是必要的过程。从长远来看，这都是职场的铺垫。

第三步：别被白白折磨，找机会展现专业能力。最后你所有的付出，都会在关键时刻敦实地回到你身上。

05 | 荒谬

越是孤独，
越有力量

ьь

孤独的人都有一种本事，就是面对职场的各种荒谬也能若无其事。

你眼前有再多激烈反应、荒谬行为或夸张动作，都将变得再合理不过。而越荒谬的人，越能见其本性，只因为他是在做他自己。

ьь

故事又回到热爱做自己的科学家老板身上，作为我的老板，他仍持续着各种疯狂念头，我也努力地陪着他实现。

科学家老板不太像是商人，他总像在为了满足他的某种餐饮理念，而不断地自我实践。当所有人因为科学家老板的各种无理要求而抱怨沮丧时，在那些最疯狂与最闹腾的职场画面中，总有我一个最冷静孤独的身影。

例如，中餐厅贩售的萝卜糕，是科学家老板为了想吃到自己最满意的萝卜，索性与乡下的田园签下产地采购合同后栽种、长成、采摘后直接送到中央厨房工厂制作。法餐厅的户外庭院，则有一株架起来的芭蕉串，那是科学家老板从产地蕉农那里采购后直送的。

他的想法是，客人吃饱后在庭园散步，可以随意采摘好吃的芭蕉，感觉是件很美好的事，他的想法任性又浪漫。所以每次接到科学家老板要前往法餐厅的通报，我们总会焦躁又不动声色地去为他张罗，提前打电话给负责运送鲜果的先生："大哥，你车开到哪里了？芭蕉快到了没？老板快到了！"当科学家老板来到法餐厅时，看到庭园里的芭蕉串，总是沉静优雅地悬挂着，他就满意地笑了。

有一次，科学家老板又突发奇想：想研发鲜虾类的干燥零食。他拿着一张日本虾饼礼盒宣传单，一边开会，一边不停地在我鼻尖前晃啊晃。不用他说，我知道得想办法弄一盒回来让他试吃。

这礼盒可不简单，并非随意找一间百货公司就能买到，必须专程到日本百年老铺总店购买，且车程遥远。

为达目的，我只好想尽办法，终于联络到一位人在日本、学生时期一起打过工的女同事，多年未联系，还好当年处得不错。我在通电话时恳求了她一番，她欣然答应，特地为我搭了一个多小时的电车，前往老铺购买，并且马上以特快专递邮寄给我，我对她连声道谢。

几天后，虾饼礼盒就从宣传单上安然地出现在科学家老板的办公桌上。他惊讶地望着我，我只是轻描淡写地说："我托朋友从日本买了。"

诸如此类，大大小小犹如丢钱币进许愿池的怪事，不断在我的工作中发生。其实，这些要求也从没让我真正感到焦头烂额，我就外表严肃、内心轻松地做好服务他的工作——直到下面这件事情发生之后。

ⴴⴴ

这一天，在中央厨房工厂二楼试完菜后，科学家老板宣布又要研发新菜品，这次他想卖烧鹅。最初，我以为就像过去几次经验一样，找找市面上比较知名的几家品牌，买来试吃评比，关于研发的部分，交给行政主厨去烦恼就好。正在思索台中有哪几家知名的烧鹅店时，科学家又再次任性地语出惊人："我们一定要做出最好吃的烧鹅。"

我突然抬头，茫然望向他，不太知道他所谓的最好，是想跟谁比较，但已有种不安的感觉在慢慢酝酿。

果不其然，第一阶段从台中本地各家名店买来的烧鹅摆了满桌，试吃过后，大家沉默彼此张望，没有一只烧鹅让他满意。

"往北部与南部去找。"科学家老板语气坚定地说。当下我知道，他又要开始了。我被分配到北部，另一个采购则被分配前往高雄桥头买烧鹅，约定隔天晚上 7 点，每个人必须带着买到的烧鹅，再次回到中央厨房进行试菜。像这种寻找食材的事情，为何不是由行政主厨自己去张罗呢？因为他是资深老臣了，一副稳如泰山的样子。于是这工作自然就落到我这菜鸟的头上。

后来，我打听到台北某饭店的中餐厅烧鹅似乎很知名，跟科学家老板沟通后，就决定去这家买。隔日中午，我独自搭着高铁一路奔赴台北，走出高铁站，迎接我的是个雨天。到了饭店，下午是空班休息时间，接近4点半快5点，整个中餐厅不见人影。眼看时间一分一秒流逝，我有点焦虑。直到5点多，服务人员还没到，厨师们陆续先出现。我觉得时间快不够了，哀求催促他们尽快帮我打包一份烧鹅，香港厨师一脸微愠不耐，念叨着我听不懂的粤语。

拿到烧鹅，结完账，我抱着整只温热的烧鹅冲出饭店，雨势不小，路旁拦下出租车，就往台北车站狂奔。

高铁抵达台中，司机载着我很快再奔往中央厨房，虽然此刻我很想继续思考人生意义，但没时间想了。我抱着烧鹅，气喘吁吁爬上楼梯，抵达二楼中央厨房的研发小厅，只慢了5分钟，而所有人都已安坐，除了采购之外，我暗自窃喜比他早一步。

科学家老板眼睛一亮，万分慎重地亲自接过烧鹅并打开层层包裹，依旧有温热的香气飘出，因为我请餐厅的人多包了几层锡箔纸保温，但我衣服与头发都还有些湿。没过多久，采购也气喘吁吁地抵达，终于烧鹅们再次集齐了。

科学家老板原本一脸欣喜，众人各自尝完烧鹅后，又陷入一阵沉默之中。

我还以为这场"烧鹅之乱"总算要落幕了，没想到科学家又开始胡思乱想，频频追问大家，还有哪家烧鹅很有名的？

就在一阵混乱的讨论中，有个声音说："老板，听说香港有间铺记烧鹅很不错，有米其林美食认证。"

科学家老板眼睛一亮，我感觉到他的血液在沸腾，但不知道抓谁来煮（对，我觉得在场每个人都是他眼中的肥鹅）。

隔日下午我忙完工作，刚回到座位上喝口咖啡，远远地就看到科学家老板的秘书在她的座位笑眯眯地远望着我，那笑容实在莫名其妙，看得我不寒而栗。接着，秘书走到我的位子旁："张经理，老板说请你下周二去一趟香港铺记，带一只烧鹅回来。"

秘书继续说："机票我都帮你订好了啊。老板说，你就一早出发，跟上次一样，晚上7点带回来中央厨房。"秘书讲完后，笑眯眯地从我的座位旁离开。

我只觉脑子里嗡嗡作响，嘴里无意识地重复："什么？老板要我飞去香港铺记？带烧鹅？然后一样晚上7点回中央厨房试菜？"

秘书怎能讲得就好像是要我去隔壁巷口面摊，打包一碗阳春面一样轻松？

当天下班之前"张经理要搭飞机去香港夹带烧鹅回来"这件事，很快就在办公室里传开，所有人都在议论，我会不会因为偷带烧鹅而被查获逮捕；甚至还有财务部的会计姐姐特地来向我道别，祝我一路顺风，希望下周三还能看到我来上班。

各方持续传来讪笑，所有人都想看我好戏，但我知道他们不是真正的恶意，其实大家都蛮同情我的，谁能料到科学家老板竟能更上一层楼，再出这招整我？

我企图静下心来，但越想压力越大。上网认真查询了一番，众说纷纭，还真不知道到底能不能带烧鹅入台，无论如何，这趟我是非去不可了。

决定命运的那一天很快到了，接近中午时分，我已出现在香港威灵顿街，还残留着早起的一脸倦容，浓厚的睡意挥之不去。我独自坐在镛记烧鹅店门旁的路边，等待人家开门营业。

回想起前一日，科学家老板还大方地嘱咐我："到香港好好吃一顿，再带只烧鹅回来。"我怎么可能吃得下呢？我唯一想着的是如果来这一趟，花了钱却没把烧鹅成功带回去，不知道科学家老板日后又将如何处理我？

想着想着，镛记开门营业了，我点了美味却食不知味。离开前，我外带了一只烧鹅，时间接近傍晚，准备搭机返台。

66

场景来到机场。海关疑惑我为何当天进出香港，我一度紧张，只能推说是出差。后来知道，烧鹅本来就可以带出香港，但问题是能不能带进台湾（我直觉是不行的呀）？我用手提行李携带着烧鹅，只觉得自己像是个私藏毒品闯关的嫌疑犯。

在飞机上，满脑子荒谬的念头挥之不去，也不知道为什么一份工作需要做到这种程度。

飞机很快就落地，我快步往出口移动。正准备闯关时，忽然出现牵着好几只米格鲁缉毒犬的工作人员，缉毒犬穿梭在旅客脚边闻闻嗅嗅，我顿时觉得自己面无血色，仿佛身上真的带了毒品一样。

忽然，缉毒犬来到一个妇女脚边，不停蹿动，工作人员围上前询问她，妇女惊呼："我没有带违禁品，袋子里是烧鹅！"没想到竟然还有其他人跟我一样！不一会儿，妇女就被带离队伍，我趁乱混入移动的人群中，成功地将烧鹅带了出去。

最后，将这只得来不易的烧鹅，送到了科学家老板的口中。我永远忘不掉他一脸满足的表情，是因为烧鹅好吃，还是满意我又完成任务了，至今没有答案。

唯一要提醒大家的是：根据台湾有关规定，烧鹅是禁止携带入台的违禁品，当年（已近8年前）我做了错误示范，请读者们不要学习，谢谢。

那日接近深夜，试完菜开车回家的途中，我终于忍不住在车里狂笑不已，这份工作到底还能多荒谬？

后来，我学习到可以不拒绝职业生涯中各种荒谬要求，但违法的事真的不要做。荒谬实为一位磨砺你工作能力的良师，你不需为其设底线，只求认真地将荒谬进行到底。无论人生再遇到什么样的大风大浪，你的内心总有一个最孤独的你，面无表情，用右膀抵住你的后脊，在耳边小声地告诉你"撑住"。

到最后你能感觉，这个孤独的你越是孤独，你就越有力量。

ᕴᕴ

孤独力中级修炼（五）

第一步：职场中我们都要明白，越变态的荒谬才越是常态。因为职场本来就是主观成分极重的权力关系场。当现状无法改变时，只能服膺并先跟着演下去。演着演着，你不仅演技精湛，而且演得投入，当生成"同路人的气味"时，成为团队要角也就指日可待。

第二步：虽然说荒谬是常态，但过于荒谬的事物，终究是背离人生常态且不可信仰的。此刻不妨将荒谬视为无物，或开启自动导航模式，不去多想整件事该有多荒谬，就将它进行到底，直到得出结果并圆满结束。

第三步：将荒谬进行到底时，我们会在过程中彻头彻尾理解一个人的思想脉络，到最后，你会训练出"见怪不怪"的本领，这也未尝不是一种非常规的人生收获。

06 | 折磨

不是你在受折磨，
而是折磨在被你驯化

ЬЬ

　　你是否经常孤独自问：当下身处的职场，对自身而言究竟存在着什么意义？是无比荒唐、不可理喻？还是充满机会？身在职场之中，所谓何来，又将为何而去？

　　面对流动多变、难以捉摸的职场，我想建议大家，任何事都不用过度设想或揣测，仅需坐怀而不乱，因为你毫无根据的自我恐吓，通常都只是虚妄。唯一能做的就是保持孤独澄澈的心志，当有选择权力时，不选择不要的，只拿你想要的。

　　进一步来说，就算此刻还不知道自己想要的是什么，其实也没有多大关系。你能做的就是在当下的状态中，持续前进，踏实地做好眼下的每一件事。而所有的机会与可能，都将在过程中变化与产生，所以，千万别随随便便停下脚步。

你只要谨记，自身存在于此的意义与价值，并不是要从与他们周旋缠斗之中获得。你越是无视或屏蔽他们，你专注的目标就会越清晰。

bb

前几个篇章，我一直提醒大家"敞开自己，接受荒谬"，这是因为荒谬是非常有价值的。光听闻还不够，你一定得亲身经过各种荒谬的洗礼，才能参悟职场中每种奇形怪状的嘴脸的实相。

简单来说，荒谬看多了，对于职场那些不合理或是不可思议，不都见怪不怪了吗？

而你又问：为什么非得接受折磨不可？难道我不能逃开吗？

我们不妨换一个思考角度，对于常人而言，折磨是种被动语态，一般人都会说自己"被折磨"。而对我而言，折磨是种主动语态，我直接面对、接受折磨，然后驯化折磨。当我驯化它们时，这些都将成为宝贵的经验，为我人生所用。

为科学家老板工作了一年多，我的心性持续获得前所未有的洗礼。继要求我闯关夹带烧鹅之后，这一次他又有新的想法宣布。

"这回我想做烘焙，我们来做法式甜点与烘焙品牌吧。"科学家老板这话说得很坚定，但这次可不是这么简单推出一个新菜系而已，他是要建立新的餐饮体系，包含打造一个耗费巨资的烘焙中央厨房工厂。

由于这是科学家老板准备多年，再次创立全新品牌，相信他一定会更加事必躬亲，但对我而言，早已习以为常。毫无新品牌筹备经验的我，便开始大量阅读资料、梳理筹备步骤、组织团队。

在这一过程中我发现，科学家老板根本没想清楚商业模式，他只是单纯想做一个烘焙品牌。就算与他沟通，一再提出品牌策划方向，以及好几种商业模式的可能，也从没获得他的正面回复。我想，唯一的答案，只存他心里，就像过去的每次经验一样。

记得当时，光是一个品牌命名，包括中文、英文与品牌含义，我都提了上百次，一再提案、一再被推翻，然后又再次提案。但真正让人感到无所适从的是，科学家老板从不对一件事情给出明确表述，所以每次提案，就沦为猜测他的想法，进而不得不利用试错与删除法，来慢慢聚焦与缩小命中范围。

换句话说，我总是想尽办法对付他，但这些似乎都已偏离事件本身，只是在把事情解决而已，并非提出专业客观的决策，我常常感到苦恼。

66

所幸，在新烘焙品牌的筹备过程中，团队加入了两位很有经验的主厨与营运伙伴，我们三人组成一个筹备小队，共同度过一段非常疯狂忙碌的时光。

听到哪里有好吃的面包，三人就立刻出发试吃。那年几乎吃遍全台湾所有知名与特色的面包店与甜点店，也大量接触了许多原料商、出色的烘焙与法式甜点主厨，从味蕾鉴别度的提升，到对整体烘焙产业的理解，都内化成自身的专业价值。

还记得当年每晚下班后，我们连晚饭也没吃，就开着车直奔烘焙中央厨房，团队几人在主厨身旁跟前跟后的，看着他做甜点，也听他讲解风味，逐一试吃与讨论。在崭新的中央厨房里，我们对每一个未知的明日高谈阔论、充满希望。

当年的我又再次以为，自己会因为推动这个新烘焙品牌，职业生涯将再度攀上新高度，所以我努力着，过程中虽身心俱疲，却仍由衷企盼。

后来我们才明白，原来事与愿违，才是人间常态。

就在新烘焙品牌接近开业前数月，组织忽然做了些新调整，情况似乎变得有些复杂。简单来说，科学家老板聘请了一位新特别助理。

故事说到这里，较有经验的读者，应该知道接下来我想说的是什么了。这就像是在一个好不容易平衡稳定的生态圈内，放进了一个新的物种，这个生态圈就开始变得有些失序混乱。

接下来，就是一连串的职场运动。这位特别助理并非烘焙专业人员，却开始处处干涉我们的工作，也一再影响科学家老板的判断与决策。我明白也不埋怨这个特别助理，他的所有做法只是为了求生存而已。这是他的生存之道，他想先通过破坏，再建立自己的秩序，但这终究是一个错的想法。

也许这位特别助理的出现，是一种启示或命运的安排。我放慢了行进在荒谬中的脚步，开始思考这一年多来的职场人生，我究竟获得了什么。

多年后我常回想，如果当年我持续与这位特别助理对弈，我不见得会败下阵，但就算赢了，又能得到什么？

我似乎能预见自己，将持续在这样的无限循环里循环，虽已能获得工作与专业自主，日子堪称安逸，同时坐领高薪。凭良心说，只要我不犯大错，待个 5 年 10 年应该是没问题的。但长期与科学家老板博弈，接受荒谬的折磨，这会是我要的吗？

跟着科学家老板，我的确多了许多职场阅历，但提及专业经历，我仍感到不足与贫乏。

66

某日早晨醒来，我发觉自己再也无法陪着科学家老板继续疯狂了，我玩不下去了。如今的混乱情况，也是科学家必然要承受的，因为这是他的公司，也是他的命运。

我的离开不是败阵，而是经历过这段旅程后，终于了然于心。不是撑不住了，而是这里再给不出我想看的风景，我就陪他走到这里吧。

我很少对工作抱怨，顶多偶尔发泄，但从没往心里去。真正能往我心里去的，通常是到了要做抉择的时刻。我向孔雀小姐提出离职申请，她大感惊讶。我很感谢她的栽培，让我真正理解了如何做好营运管理，补足了我在品牌管理之外的另一块专业知识的不足。

离职一事，我没亲口对科学家老板提出，我也从不认为他会安慰挽留我，因为我太不典型了，也许他还是喜欢那种老派且唯唯诺诺的部属吧。那一小段时日，我踏实地做好交接，日子静静地倒数，就像是在等待什么。

离职当天下班的时候，我简单将办公桌收拾干净，那一日科学家老板不在公司，我想也好，就这样吧。提着一袋自己的办公用品，我站在孔雀小姐办公室门口，与她告别。她抬头看着我，轻快地连声说再见，没有多说什么，仿佛我明日还会出现在这里一样，她随即低下头，又埋头于整桌的财务报表。

站在公司电梯口，我回想起一年多前，科学家老板在奋力折磨我之后，那晚在电梯前，我若无其事向他告别的情景，忽然觉得自己有点好笑，有点无赖。

那年，我获得了集团内部"历任撑得最久的品牌经理"之殊荣，像个办公室传奇一样，还被热议了几天。虽然我只待了一年多，却是当之无愧的第一名。半年多后，我人已在嘉义展开新生活，某日无意间见到媒体报道，该烘焙品牌已顺利开业。新闻画面中的科学家老板，笑容满面、意气风发。我盯着电视，而那些日子，已被归类至遥远的往事。

66

几年后某次回台中，我与当年的法餐厅主厨约了晚餐。他是位才气与颜值兼备的主厨，我们建立了非常好的工作默契与交情。那晚，彼此热烈地聊起往事。他说，科学家老板在近期某次月会中，对着现职的品牌经理与团队说，你们做的这些，都不及以前有一个叫张力中的品牌经理，有时间应该找他以前的东西出来学习一下，他是做得最好的。

这是首次，也是唯一一次，我听见科学家老板称赞我，而且还是在我离职数年之后。当下我只觉得意外，却又觉得终于被明白，但已不重要了。

多年来，偶尔想起往事，我仍然很感谢科学家老板与孔雀小姐，他们给了我人生一段不寻常又精彩的职场际遇，而那些被我驯化的各种荒谬与折磨，都成了宝贵的经验，陪我在路上，孤独前行。

99

孤独力中级修炼（六）

第一步：水至清则无鱼，不对职场做天真、无谓的妄想。你在职场中能淘出多少金，只看你心多稳，眼睛多利。

第二步：职场中每个人都在用自己的方式生存，没有绝对的优异、卑鄙或丑陋。想明白自己该用什么姿态生存比较重要。

第三步：取得主场优势，留下来或是离开，都只由得你自己，由不得他人替你决定，你终究得先通过长期大量的付出，拿到自主选择权。要么获得经历，要么获得阅历。

Part 3

你从热闹中失去的，
都会从孤独中找回来

你眼中的职场是什么样子，

它就会成为什么样子。

如果你总是轻视它，

那么终将获得廉价的对待；

如果你待它如神圣，

它就会好好地庄严待你。

01 | 巧合

看似偶然遇见，
其实是命中注定

bb

职场中的每次选择，在相对理性的评估之外，有时也始于一个疯狂的念头，然后它会如蝴蝶效应般振翅席卷你以后的人生发展。但此刻你的选择，并非一时冲动，而是长年在职场中累积的轨迹，然后走向被命运遥指的下一个归宿。

我们都不好说，做出的选择到底是对还是错，做一个选择并不难，难的是你如何将这个选择，变成一个有利于你的结果。

换句话说，一场牌局中，一开始拿到一副烂牌不要紧，最后如何将它打成一副好牌，才是这件事真正的意义。

ᄂᄂ

时间回到 7 年前。

2012 年 7 月，我加入承亿文旅集团。故事的开始，始于人力银行的招聘信息："性别、学历、年龄、经历不拘。"

我好奇，这到底是一家多不正经的公司？老板到底是什么样的人？然后，就投递了应聘简历。

当年应聘的职位，是营销策划主管。接获面试通知时，我有点意外。投递简历时我原本只抱着好奇胡闹的心情，忽然有点后悔，自己干吗这么无聊？面试地点在嘉义，承亿文旅集团的总公司在那里。那年我 32 岁，到过嘉义的次数，5 个手指头就数得过来。在此之前，嘉义在我人生中存在感相当淡薄。

提起此地，我也只能粗浅地回答："嘉义？鸡肉饭很有名呀。"

面试当天早晨，我带着简历与作品来到公司，前台小姐领着我搭上观光电梯，来到戴先生在 6 楼的办公室。

戴先生招呼我就座，眼前的他穿着黑色 T 恤、短裤，戴着一副黑色粗框眼镜。桌上的烟灰缸内斜摆着一支烟斗。他递给我一张银色的名片，我则递上简历与资料，面试就这样开始了。

我永远记得戴先生的第一句问话，他盯着我腕上的手表问道："你这手表什么牌子？金光闪闪的。"这算什么问题？我觉得这个老板有点古怪有趣。于是，我有点调皮地回答："啊，您手上的表，可以抵得过我好几百只。"可不是？他手上戴的可是价值五十几万元的万国表。

他笑得一脸得意，我则在心里嘀咕：这到底是什么面试？

ヒ

戴先生桌上的电话突然响起，面试暂时中断。我安静地体验当下的氛围、温度与气味。眼前这个接电话的人，会是我未来的老板吗？未来这里会有我的身影吗？

戴先生挂上电话后，面试终于进入最后阶段，他说明了公司现状与未来的发展愿景，但过程中一直没有告诉我明确的职务内容。戴先生只说，公司未来会成为连锁旅店集团，5 年开出 10 家，每一家都拥有独特的地方特色。

听到这里，我只问了他一句："以差异化为主题的连锁特色旅店，可曾想过后期该如何做好标准化管理？"

戴先生可能没想到会被面试者反问，愣了一下。他想了想，没回答我的问题，只说："你什么时候可以来上班？"

我还来不及回应，他便继续补述："上班地点不在台中，而是我们嘉义。"

　　"来嘉义上班？意思是要搬来嘉义住吗？"我心想。戴先生继续追问："你期望薪资是多少？"我如实地说出上个工作的薪水。戴先生沉默半晌："嘉义可能没办法给到这么高。"接着，他给出了一个价码，大约是我期望薪资的8折。

　　由于我并没有打算到嘉义工作，后续很快地结束了面试，言谈中已有婉拒的意味，总感觉这家公司没办法托付。

　　面试一周后，我再次接到戴先生的秘书打来的电话，说戴先生希望再次约我谈谈，并请我准备一份有关台中新馆的品牌定位与策划的提案。其实那天我刚订好前往日本旅游的机票，距离出发还有大约一周的时间。我心想反正闲着也是闲着，便答应了这个无酬的任务委托，并像煞有其事地完成了一份完整的品牌概念策划。

　　寄出之后，我开始打包行李等待出游。没想到很快戴先生就有了回复，邀我进行二次面谈。于是，就在前往日本旅游的前两天，我再次赶赴嘉义。

　　双方一见面，什么都还来不及谈，戴先生一开口便要求——不，根本是"强迫"我到嘉义工作。我进一步询问职位与工作内容为何，他只告诉我："反正你先来再说啦。"然后补充说明，公司会替我安排解决住宿问题。总之，下周立刻报到。

　　不知为何，就像着了魔一般，我竟答应了这个薪水变少，甚至不知道上班后要做什么的工作，地点还是在浊水溪以南的嘉义。这完全打破我向来职业生涯规划的理性逻辑。隐约觉得，自己对于职场的荒谬认知发展到了一个全新高度。

最后，我把去日本的机票给退了，赶在到职前一天载满了整车的行李前往嘉义。入住当晚是个台风天，外头风雨交加，躺在饭店床上，我对于自己这般仓促地展开新生活感到有些惶然。这次不光是工作而已，我几乎把整个人都搬过来了，但似乎也没有后悔的余地。

台风后隔日，我依约报到，来到三楼办公室，眼前的画面让人难以置信，整间狭小的办公室挤满了人，全都是戴先生找来的——还以为自己的际遇多特别，原来我也不过是孟尝君的众多门客之一罢了。

当年入职，我虽被任命为协理，却连自己的座位都协调不出来，只能在靠近自动门旁边的会议桌上办公，不时有人从我背后出入。坦白地说，心中不断浮现上了贼船的落难感。

枯坐几日，仍旧没人与我说明接下来的工作内容为何。私下向同事打听，原来我当初应聘的营销策划主管一职，该位子已经有人坐了。这下我真不知道，自己在这里要做什么了。

66

　周末到了，戴先生邀我到家里吃饭，这是我工作多年来第一次到老板家吃饭。当日受邀的还有另一位同时新入职的营运同事。我俩只觉受宠若惊，更何况还是由老板娘亲自下厨招待。

　起初大伙只是吃吃喝喝、随意聊天，后来剧情急转直下，戴先生开始劝酒，没多久桌上已满是空酒瓶。那天我实在喝得有点醉，开始不由自主地说起日语。这里要说明一下，当我喝醉时，脑中的思维分离感很强烈，明知自己说的是其他人听不懂的日语，但脑中就像有台实时口译机一般，任何想说的话，都会不受控制地转为日语。此举逗得戴先生哈哈大笑，往后那几年的应酬时光，只要我开始说日语，大家就知道我喝醉了。

　后来，另一位同事也被灌醉。我们各自被人架着搭着电梯，来到戴先生家楼上的客房。被甩上床后，我就断片了。直到隔日早晨，酒精带来的强烈宿醉感痛醒了我，像是被人拿着灭火器重击脑门般头痛欲裂。我忍着醉意，飞也似的逃回住处。躺回床上时，仍觉天旋地转。我好想回台中，好想现在就夺门而逃。

　事后我才知道，这并不是什么单纯的饭局，我已通过了第一次考验。戴先生有个习惯，每逢新干部入职，他都会用劝酒来测试人品，酒后方能见本性。如果他读到我这段回忆录，一定又会得意地笑出来吧？

99

孤独力高级修炼（一）

第一步：职场就像一场牌局，我们都不知道，拿到的会是好牌还是烂牌。重要的是，
　　　　你愿不愿意走向牌桌，坐上你的位置，坐热、坐熟，认真地赌上一把。

第二步：接着你会发现有时你认为的非理性选择，其实是人生再理性不过的指
　　　　引。尽管出乎预料，但不必困惑、无须怀疑，坦然接受便是。

第三步：没拿到一副好牌也无妨，就用自己的方式将牌局继续下去，熬到牌桌
　　　　上所有人都下桌，最后笑着的人一定是你。

You are
alone

Not
Lonely

对我而言，
孤独是一具精神性网筛，
那从外界四面八方而来的信息，
经过孤独的筛选，
沉淀下来的，
都成为澄澈的洞悉。

修炼孤独不是要你自私，

而是先用孤独"立正"自己、

要求自己、规范自己，

正视自身存在的意义，

再求与周围的人和事产生关系往来，

确立职场处世的中心思想后，

再力求积极共事、真诚以待，

其余的就看造化，

反正时候到了，

彼此终将分开，各自天涯。

像这样的反反复复，

免不了让人怀疑

是不是主管针对性地在为难人，

或想法诡谲多变。

就我而言，

我只简单觉得，

他们也只是平凡人，

拿不定主意而已。

当你遭逢恶意时，心里都在想什么？

想着怎么报复？怎么好好与对方恳谈？

或赶紧翻阅那些职场专家的危机应对手册？

我的主张是，

以上所述统统都不用。

就算场面再混乱，都要留住一个冷静的你；

就算箭在身上，你也别急着拔出，

就让自己流着血，

静静地看着眼前的演员如何演出、

如何张牙舞爪。

耐点心，让他好好演一会儿。

02 | 果敢

老板敢给你机会尝试，
你有什么不敢干的

❝

通过老板的人品测试后，工作定位总算暂时落定。我被揽进总经理办公室，任命为开发协理。主要业务为协助戴先生进行土地或建筑物的前期开发。工作内容包罗万象，包括土地或土地证申请、土地分区标示、取得航拍图、街道图、平面配置设计图、确认建蔽率与容积率、是否位于特殊计划区，并向建筑师确认可建容积，等等。资料备齐后，我再陪着戴先生前往现场，回头再做市场调查分析报告，决定是否拿下这个项目。

但这个任命背后真正的症结是，开发协理该怎么做？我根本对土地开发一窍不通，这份工作也与我过去的品牌营销专业毫不相关，到底要从哪里开始呢？

我感觉戴先生替我安排这个职位时，心里想的是："我觉得你好像有点用，但具体来说多有用，现在还不知道，不然你就暂时先做这个好了。"

都到这个时候了，多想也无用，戴先生都敢给我机会尝试了，我也没什么不敢的。

ᑕᑐ

正式上班后的第 7 天，我被告知，要与戴先生全家人一同前往台东家族旅游，顺道陪他去看台东池上的一块土地。

我脑中一直纳闷：这到底是什么怪工作，都还没真正进入上班状态，竟然就先到处吃喝玩乐？话虽如此，首次陪新老板出门，相关资料还是得尽可能地备妥，同时心中不免忐忑。

开了数小时的车，抵达台东池上时，我站在那块土地前，映入眼帘的是一大片稻田，温暖的日光，洒向山脉的棱线，美得不像在人间。戴先生与建筑师讨论着，我就在一旁倾听记录，尝试着在他们飞快的对话中，捕捉到开发与建筑的专业知识细节。

过程中，我内心一直无法松懈，不安感不断浮现。我持续观察所有人的互动，通过戴先生与家人的对话，一点一滴加速累积出他的人物设定。

在职场中能以老板与家人间的相处方式，认识并理解其人格，是很珍贵的经验，也由于采样数众多且角度多样，更有助我作出相对客观且真实的评断。

项目开发勘查在当天傍晚前就结束了，晚间，众人到一间海鲜餐厅吃饭。戴先生的家人们对于我的陪同，都感到有些新鲜有趣，一个入职不到一周的新人，竟然跟着老板全家一起欢度家族旅游？所幸，大家都对我相当友善，把我夹在圆桌里同桌吃饭。

席间大伙对话热烈，我关注着戴先生的餐饮习惯，食量不大，喜吃蔬菜、水果与各种海鲜，对香槟气泡酒有特殊偏好，只抽雪茄；清烫墨斗鱼的蘸酱，必须是白色色拉酱混入些许柠檬汁……我逐一记录于心。

晚间被安排入住民宿，我与当时一位较年长的男性财务长睡同一间房。一进门，发现只有一张大床，他沉着脸，立刻扭头跟我说："你睡地上。"

我当场愣住，只觉得他的直接有点好笑，也没争论，平静地请民宿管家替我在地上多铺一张床。当晚睡得有些不好，但也不觉要紧。

隔天一早退房后在大厅集合，大伙兴奋热议，原来要去泛舟。闻言后，我实在笑不太出来，除了原本就不喜欢激烈的户外运动之外，明明应该是上班时间却在玩乐，实在有违我个人的职场价值观。然而，就算脑中再怎么抗拒，我还是已换好潜水装，踏上溯溪的路程。

泛舟活动分成几个游程，我怀着排斥的心情随帮唱影，逐一配合玩乐，直到漂流时邂逅了一位特别的女性。

教练引导着所有人，在漂浮状态下，从上游一路滑到下游，在河面上载浮载沉、时快时慢的湍流中，获得刺激与乐趣。过程中，忽然一位女士漂来我身旁，带着些许挣扎，原本一脸漠然的我，忽然警醒了过来，轻轻地扶了她一把。当她镇静缓下来之后，我也没多话，径自继续在河面上漂浮。

实际上，在我后续的职业生涯里，这位女士可以说是不可或缺的存在，在当时诸多状况中，她发挥了极为关键的影响，也大大地改变了我的人生观。

ЬЬ

泛舟结束后，已接近傍晚。戴家的旅行将继续移动至下个行程，而戴先生与我们几个同事则开车往南走，准备返回嘉义。当车子开到屏东林边时，突然下起了倾盆大雨。随着雨势变大，路面漫起泥水，高度渐高。我们的车持续往高速公路交流道的路上驾驶，天色全黑，大雨滂沱。打开车内的收音机，才知道是台风正从南方直扑而来。

前方滚滚的黄色泥水越来越湍急，雨刷摆动的速度，已赶不上大雨砸下的速度。许多车子闪着黄灯，陆续停靠在路边；甚至有些底盘较低的车子，因为积水已漫过底盘就地抛锚。前面的路看来是无法行驶了，眼见其他车辆纷纷转向，负责开车的财务长也准备掉头。

这时，坐在副驾驶座的戴先生忽然大吼："不要停、不能停！继续前进！油门踩下去，过去！过去！"当年那辆车是宝马七系，性格保守的财务长被戴先生这么一吼，惊醒似的奋力踩下油门，车子疯狂加速，更多泥水不断飞溅到风挡玻璃上，视线模糊到几乎看不到前路。当时身在昏暗车厢里的我，忽然害怕起来：我该不会要死在这里了吧？

我们的车子就这样几近疯狂地盲驶，后来从高架桥上看见的那一幕，我永远不会忘记。当车子离开主干道路，顺利驶上交流道，先前的混乱嘈杂瞬间静灭。眼前是一片坦途，平静无声。雨丝如针尖般，从黑暗的天空尽头，穿越盏盏路灯细细落下。

我回头往下看，高架桥下那些闪着黄灯的车子，依旧并排停在路边；始终有车辆打着方向灯调头，路上交通歪七扭八混乱成一团。而我们却已甩开所有人，顺利地驶上归途。沿途一辆车都没有，我们尽可安静地疾驶飞驰。

我从后座望向副驾驶座戴先生的侧脸，他冷静得像是什么事都没有发生，偶尔玩玩手机，不时望向车窗外。究竟是什么样的性格，让他敢作出不同于常人的决定？

"Kris，你有没有觉得很荒谬？来新公司才一个星期，就跟老板全家出来旅游，回程又遇上这么恐怖的天气？"边说边笑的这位女士，就是白天被我"搭救"的承亿文旅总经理戴女士。

"嗯，好像有一点啊。"被她这么一逗，我也笑了出来，同时回答，"我其实有点害怕。"

戴女士爽朗地大笑道："我们这群人大难不死，以后必定能干一番大事。"

在漆黑的车厢里，我望着他们，好像意识到些什么可能性。我决定告别过去，用一个全新的自己，毫无成见、不带包袱地重新把自身填满。但我知道这是一个恐怖的决定，因为戴先生不是一个简单的老板——我决定赌一次。

99

孤独力高级修炼（二）

第一步：当职场历练到了一定程度，除了工作专业能力必要条件之外，这个阶
　　　　段最重要的是心境的提升与转移。你得倾听老板，与之产生如家人般
　　　　的归属感、理解彼此心意，然后，也把这家公司当成自己开的。

第二步：当面对一个毫不设限、开放性强、给出最多可能性的老板时，作为一
　　　　个职业经理人，我们唯一能做的，就是自我鞭策，并使出浑身解数，
　　　　想办法帮助企业更成功，用以回报老板这难能可贵的放手与信任。

第三步：当你完成上述两个步骤时，便要知道，你已不是做一份单纯领薪水的
　　　　工作那么简单了，必须完全抛弃本位思想，撕裂自己、一再击破原本
　　　　的自我，直到新的自己重新建立，处于更高的高度之上。

03 | 阻碍

真正有责任感的人，
从来不会嫌工作麻烦

bb

为了达成人生目标，你愿意牺牲自己多少？职场专家常误导我们，人生要均衡，不要因为工作，而舍弃自己的兴趣和生活。我要反驳，很遗憾，那是不可能的，没有人能兼得。你必须坚定执着地选择其中一项，如此，人生结构或走向才能走向某种新高度。

例如，很会生活、很会谈恋爱，或者工作很有成就。

所谓均衡的人生并不存在，永远都只有取舍；先活出某种姿态，其他的再各自拣回一点，试图让人生看起来不那么残缺或遗憾。这话听起来有些悲观，却极为真实。

平凡如我辈，没有显赫的家庭背景支持，孤身一人，我们注定必须选择全身心投入工作，期望通过不断的努力，以获得生活质量提升的回报，未来才有以为继。当你很清楚地意识到这一点，思绪就不再迟疑或摇摆，而是一心一意，直到看见心里想看到的那幅风景。

66

当年跟着戴先生做开发，我每天的生活几乎都在被骂中度过。戴先生性格有点急，这是白手起家的企业家都有的特质，我努力让自己跟上，但总是追赶得十分辛苦。

回想当时，几乎每天都有新进的开发项目需要评估，全台湾从北到南，后期甚至还有台湾之外的项目，有时还得好几个案子同时处理。

前文提到过，土地与项目开发对我而言，是一个全新领域，我总试图让每份报告面面俱到，但每次向戴先生呈报，常常三个问题答不出来，就是一阵如狂潮般的责骂。这些都成了我当时极大的压力与梦魇。但我从没放弃，只是更竭力思考到底是哪个环节出了问题。

尽管想尽了办法克服，却常常力有未逮，在身心疲惫的情况之下度过一天。

我在承亿文旅任职近6年，上下班从不打卡，因为根本没有固定时间，这同时也意味着这份工作并没有工作日或假日之分，放假时偶尔也必须陪同戴先生到外县市去看项目。既要跑外勤又要做方案，我常常得硬挤出时间来完成。

当年通常是白天在外面忙了一天，傍晚下班后胡乱在路边吃碗鸡肉饭配汤，回住处洗完澡后，再返回公司三楼加班。我走进空无一人的办公室，打开室内灯、开启计算机，好像今天才刚开始上班。做到一个进度之后（通常已是凌晨）才离开，但没睡几个小时天就亮了，爬起来，简单梳洗后，我再次走进办公室……

这就是当时的日常。从星期一工作到星期五，另加周六、周日两天，不分白天与黑夜，我都拼了命在工作。

ხხ

有段时间，我的身心状况非常差，自己却浑然不觉。有次周末，戴先生询问我某份方案是否完成，他晚点进办公室了解状况。我只好如常地周末去办公室加班，打印出方案后，我搭着电梯来到六楼找戴先生。

戴先生站在窗边，我将方案递到桌上，他走回座位翻了几页后，如我预期般他的音量开始变大。听着听着，我只觉得身边的空气越来越稀薄，然后变得真空，我渐渐听不到声音了。

不知为何，我竟茫然地脱口而出："你不要再骂了啊，再骂我会跳下去啊。"

戴先生停顿了一下，那一瞬间，整个世界都安静了。

他望着我，我望着他，但那气氛并不是尴尬，而是彼此望穿了真实的对方。当回过神之后，我其实也没什么情绪，只是淡淡地说："好的，我回去修改一下，再给您过目。"

戴先生说："你先回去休息，你太累了。"我没有回应他，乘电梯回到三楼办公室。

坐回位子上，我痛苦深思，是他标准太高，还是我太蠢了？如果我现在就放弃了，那这段痛苦的日子，不都白白被骂了？

我越想越不爽，同时也燃起了莫名的斗志，事情不应该是这样发展的。

后来我才明白，真正的职场关系，并非相敬如宾、礼尚往来，那并不会留下痕迹。是要在历经过各种争执、冲突、磨炼，最后还能留下并培养感情与默契，有所升华，那才是在职场关系中酝酿出来的佳境。

我与戴先生之间的互动，用"相爱相杀"来形容最恰当。当我全身心投入，尽管过程中不断遭受伤害，却从未止步，我只想看到一切有所改变的那一天。我不想因为没尽全力，而轻易辜负了这段职业生涯里的所有人。

事件发生之后，隔日后又是一派若无其事，日子与工作仍继续前进。我与戴先生的职场互动关系，竟也慢慢有了改变，可能原本是40

分进步到 50 分这样的程度。

事后回想，也许不是我工作能力进步了，而是戴先生终于愿意手下留情，单纯地想放我一马。

ᒻᒻ

人生中的追寻，我选择通过工作来实现，没想到那段日子，竟会如此混乱。外表看来风平浪静，却已到达极限。混合了撕裂、痛苦、刺激与未知，犹如一杯杯苦酒，日日一饮再饮。

当年，随着公司的扩张，公司大量招聘一批来自四面八方形形色色的高级经理人，他们都是戴先生凭着灵感与直觉筛选出来的，这当中有理性者，也有非理性者。而暗涌、搏斗与淘汰，都在日常中持续展开。

每一天都像是无差别格斗般的自由搏击，但我深知这样的险恶环境，并不是蓄意被制造出来的，而是一个正在起步发展中的企业的必然现象，每个人都使出浑身解数生存并博取上位，周围充斥各种耳语与小道消息，混乱却充满生机，只能各凭本事，而我也身在其中。

当年各部门的人陆续被招聘进来，但组织架构还没明确形成，每个人都是摸着石头过河。我除了是戴先生的开发幕僚之外，也持续参与公司各项事务的推进，所有事情瞬息万变，每天都有新的决策生成。

简单来说，当时的承亿处于壮大的阵痛期，一方面要建立体制，另一方面又要扩张、持续优化团队。

有一天，我忽然被叫到戴先生的办公室，还以为做错事又要被骂了。才一坐定，戴先生盯着我："营销策划部的主管离职了，这位子你去顶，可以吧？"我一时还没回过神来，只能愣愣地盯着他没回答。戴先生一心急，又问："你一直看着我是怎样啦，可不可以接？"我问："那开发的事情怎么办？"戴先生说："啊，你就兼着做啊，可以吧？"在场的几位核心成员直盯着我，我只好点点头。

没多久人事任命就发布了，在半推半就之下，我成为开发协理兼任营销长，当下并没有掌握到权力的那种快感，更多的是不安，感觉如履薄冰。

对于空降主管这个职位，我小心翼翼，尽量不让原团队成员感到紧张不安。试着理解每个人、重新调整工作节奏，一方面开始带领团队，另一方面同时继续做着土地与项目开发。

紧张工作了几个月后，团队逐渐稳定下来。随着公司扩张，旧办公室已塞不下这么多人，于是公司又在附近租了一层民宅，充作营销策划部门办公室。如此一来，我只好总公司、策划部两头跑。虽然日子变得更加忙碌，但随着军心渐定，我内心也踏实了些。

然而，正当我满怀着雄心壮志，准备一展长才时，又新又恐怖的打击竟再次到来。这次的挫败，侵蚀了我长久以来对职场所有的热情与信念。当年的我从不知道一份工作能带给人如此极端的挫败感。任凭我再独立、对自己再有信心，都像是临渊而立，孤立无援。

ㅁㅁ

孤独力高级修炼（三）

第一步：人生就是一场孤独的选择，无从逃避。身边任何人的温情，都只是一时的安慰剂，听听就好。别害怕让工作成为生活的全部，暂时逃避后终究还是得回到现实，仍然必须由自己扛起一切，有所作为。要不你自己的人生，谁来帮你过？

第二步：当来自职场的压力令你身心俱疲时，不妨当作孩子成长的必经历程，那是你转变的契机。别只顾着感受痛苦，一点一滴全都体认。痛苦的责难，当下就让它滤过肉体而去，别留到隔日。每次只留下你营养健康的身心。

第三步：无论意志被摧毁过多少次，只要肉体还完好，你就有再战的本钱。还是那句老话，过了今晚仍是以若无其事作为明日的开始。

04 | 恶意

你唯有变得更好，
才能远离恶意

bb

职场中，当你遭逢恶意对待或攻讦时，心里都在想什么？

想着怎么报复？怎么好好与对方恳谈？或赶紧翻阅那些职场专家的危机应对手册？

我的主张是，以上所述统统都不用。

就算场面再如何混乱难堪，都要留住一个冷静的你；就算箭在身上，你也别急着拔出，就让自己流着血，静静地逼视，好好看着眼前的演员如何演出、如何张牙舞爪。耐心点儿，让他好好演一会儿。

bb

身在职场多年，一路走来，我已见过各种大大小小的荒谬事件，但如此奇葩且直接冲着我来的状况，还真是替我开了新的眼界，对于世间汲汲营营的人们（包含我自己）也有了另一种新的体悟。

那年兼任两种职务的我，既要做开发工作，又要带领营销策划团队，用"蜡烛两头烧"形容真是再贴切不过。每日接受的职场压力源自各方，高压不断地挤压身心。曾与我共事过的同事，若回想起当年的画面，都应该记得我的一脸憔悴。

有一天，戴先生拿着一份简历给我："Kris，这个年轻人想进策划部，你找个时间面试一下。"于是我请人事部安排，就暂且称他为阿左吧。到了约定当日，阿左依约前来。面谈过程中，他完全没有营销策划经验，但态度很诚恳。我决定录用他，并给他一个副理职缺。

阿左加入团队后，工作积极努力也很肯学习，待人接物亲切有礼，当时我认为找到了一位很不错的团队伙伴，也很谢谢戴先生的举荐。没过多久，戴先生再次丢了一份简历给我："这个人你看看，我觉得还不错，如果没有其他问题，我想任用他。"我读了一下手上的简历，对方应征的职缺是营销经理，等于是我的副手。从戴先生的言谈中，我听得出他想直接录取对方。

戴先生一直在协助我建立团队，我当然心怀感激，但我始终有些困惑，如果团队是由我带领，理应由我自己选人吧？但当时我每天要处理的事情太多，实在没时间细想，总之先把人招进来再说，多个人多个帮手，也不是坏事。没多久，这位先生就这样加入团队了，姑且就叫他 John 吧。

John 刚入职时，我除了感谢他的加入，也希望他能与我分工，协助我监督、推动目前排定的各项策划案。因为除了营销的业务之外，我还是有一大部分的时间需要协助戴先生从事开发工作。

起初 John 没出现任何异状，一切也看似顺利。那段期间，有时我与营销部门的作息完全颠倒。平日白天陪同戴先生处理开发工作，直到晚上七八点，再开着车回到公司在外租用的策划部办公室，回复部门内的工作信件、更新项目进度，直到接近凌晨才回到租屋处歇息。到了周末假日，我也会进办公室汇总一周工作，同时安排此后的日程，再交由 John 去执行。

然而，不久后 John 开始出现状况，除了工作进度落后之外，有时连定下的营销活动也没去做，其他部门的抱怨更是接连不断。我很快就意识到状况不对。我开始要求 John 加强了解部门内状况，从自己已经非常紧张的状况下硬是挤出时间进部门办公室，亲自执行各项管理与推动工作。由于我平日下班还得陪戴先生应酬，总是喝得酩酊大醉，尽管隔日宿醉，还是得照常上班开会，此时的我，已完全没有私人生活，每日投身于工作之中，身心疲惫。

到了后期，有时 John 会无故不去办公室，打电话找他，总是有借口说不舒服或其他各种状况，显露出消极抵抗的状态。经过多次恳谈，都未见成效，当时我已察觉 John 不适任，但未曾意识到的是，他已居心叵测地谋划一段时日了。

ЬЬ

该来的还是会来的，但我从没想过，那场景会是这样发生的。某日傍晚，每月例行的经营管理会议结束后，大家正轻松闲聊，室内已有些暗却没有人开灯。戴先生忽然对着我说："Kris，你知道你部门出了状况吗？"我一头雾水，戴先生继续说："有人说，你部门带得很烂。"我平静地回复："怎么说？"戴先生说："不然，我把当事人找来好了。"

接下来的剧情发展简直就跟荒谬怪诞的综艺节目没两样。所有人都坐在会议室等待主角出现，不知道为什么，还是没人起身开灯，只能眼睁睁地看着从落地窗照进来的光线渐渐暗去。外头的观光电梯忽然启动，我们都听见有人从楼下搭着电梯上楼。不久后，会议室门一开，双双走进来的正是 John 与阿左。

戴先生要他们坐下，我面无表情地望向他们。戴先生说："他们说，你没有做好你的工作本分，都把事情丢给他们两个。"我很快就意识到，这可能是某种倒戈，没想到竟会这么活生生地在此刻上演。

"戴先生，我的确曾把事情交代安排下去，并亲自参与团队协作。尽管我同时负责开发的工作，有时可能会有所疏漏，但不至于完全如同两位所说。"当时，我并没有把 John 在工作上的异常提出来，那就变成没有意义的互咬了。

"他们说，你不配当他们的主管。"戴先生说。我只是望着戴先生，也不知道该回应什么。接下来是整场实景演出的最高潮。

戴先生又问："不然这样，阿左我问你，如果要从 Kris 跟 John 之中选一个当主管，你会选谁？"阿左毫不迟疑、斩钉截铁地说："我选 John。"闻言，我的思绪断片了三秒，灵魂像是瞬间被抽干，脸上则苍白无血色。

这整出倒戈大戏演到这里，我想背后应该有整套精心策划的剧本，今日的局面也绝非突然。

我记得，我只对阿左说："阿左，我要谢谢你，让我明白你的真实想法。我一直认为你对工作很尽责努力，既然你选择了 John，只要是能对公司有贡献的团队，我都乐见其成。"语毕，所有人沉默半晌。戴先生让 John 和阿左先离开，会议室剩下几位核心团队成员。

"那现在要怎么办？"戴先生望着我。我耸耸肩，坦白说："我觉得差不多是时候告别承亿文旅了，我已经好累了。"

此时，总经理戴女士忽然说："Kris，我不清楚你部门内部的状况为何，但我相信你不是这样的人。如果有必要，我会只留一个人，我可以把部门所有的人裁撤掉，也包含 John 在内，再另外为你组建一个新团队。"

我不可置信地望向戴女士，只觉眼眶发热，眼泪就快冒出来。然而，我只是摇头："戴总，我很谢谢你，但我不希望事情变成这样。公司正在发展，组织团队是很不容易的事，我个人事小，请不要为此影响公司运作，我会接受公司惩处或自请离职。"

此时戴先生又问："不是啦，那现在到底要怎么办？"财务长给出了建议："戴董，我建议把 Kris 召回总经理办公室，继续做开发，先解除他营销长的兼任。"在场另一位主管同事又搭腔："营销策划部不能没有大主管啊，那是要把 John 升上来吗？"戴先生又接话："既然 John 觉得他做得比 Kris 好，那就让他演演看吧，演得好，我们再来讨论升职的事。"

财务长说："Kris，你回去先把东西收一收，明天就回总部办公室。"

♭♭

离开会议室后，我只觉得身心俱疲。开着车回到策划部办公室，看到里头还亮着灯，是部门中的一位小女生设计师。她一见到我，便开始号啕大哭。她哭着透露，John 已经谋划这件事很久了，常趁我不在时，背着我私下约了部门所有人去吃饭，并不断说我的坏话，说我都跟着老板吃香的喝辣的，根本没在照顾团队。John 同时也威胁所有人，不准对我透露半点风声。

这个小女生说她很害怕，也很抱歉帮不了我。我笑着抱抱她，谢谢她这么明理，也愿意为我着想，我没事。

设计师哭着离开后，我找来一个纸箱，把所有东西都丢进去。望着收拾干净的桌面，我内心万般复杂，最后回望办公室一眼，连夜逃离现场。

回到住处之后，我再次收到戴女士发来的鼓励短信，财务长也发来一段短信："Kris，戴董这么做其实是在帮你，你要加油。"陆续收到核心团队成员的打气短信，就像一根根浮木，但我选择将浮木推开，让思绪在海面上浮沉。

窝在狭小的租屋处，我彻夜未眠，满脑子都是过去红极一时的综艺节目《分手擂台》[①]，电视里正上演着夸张的剧情，而如今的我好像就坐在那个屏幕里，哭笑不得。

然后，我突然想起，今天正好是我入职届满半年的日子。

---

①《分手擂台》，中国澳门澳亚卫视推出的一档以分手后的恋人对话为卖点的电视节目。

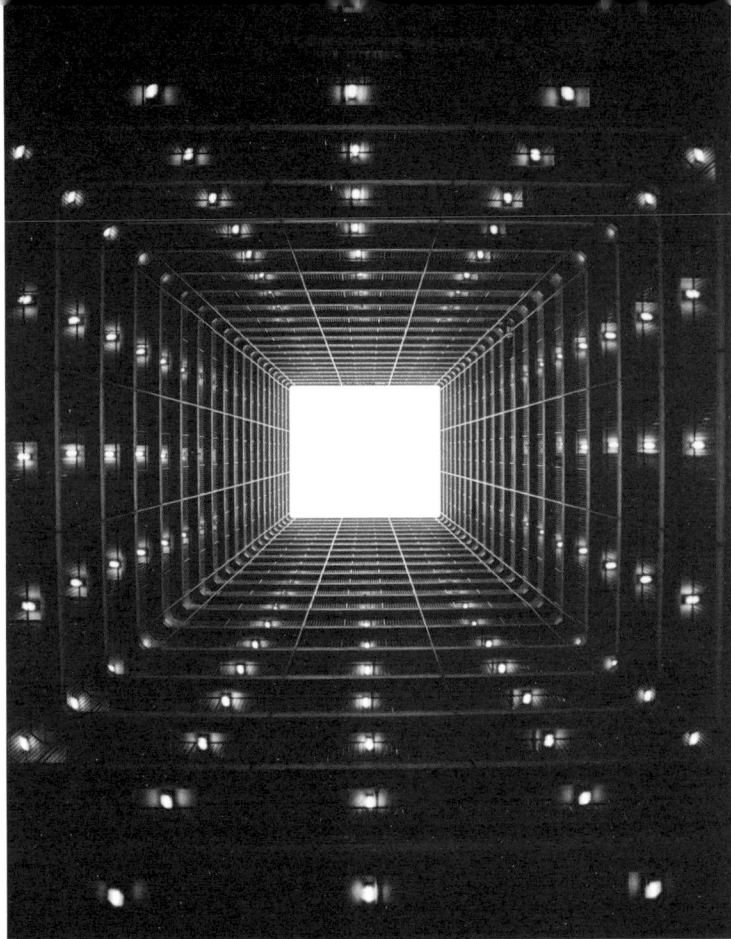

99

孤独力高级修炼（四）

第一步：职场中难免遇上危机与波折，所有迎面而来的，从不需觉得意外。不
　　　　用急于撕扯关系，即便已经负伤。就静静逼视，无为即是有所为，泰
　　　　然处之，静待被搅动的浊水慢慢沉淀。

第二步：不需争论，也无须恶言，只平实陈述自己的思想看法与作为。

第三步：即使处在风暴中，仍要若无其事地继续走下去，相信我，时间会给你
　　　　一个最公平的答案。

05 ｜ 不怨

遇到坏人别计较，
碰到烂事别纠缠

bb

　　身在职场，每个人总用着自己得心应手的方式，努力求取生存，
无论姿态优雅或丑陋。

　　换句话说，职场上的所作所为都只是在展现自我求生的本能。有
人利用努力工作求取表现，有人利用交情无往不利，有人则是先绊倒
他人后再奸险地超越。而这些都只是展现求生欲之后的后果或副作用，
每个人都只是想活下来而已，没有其他。

　　我在此想表达的，并非要各位消极被动地任人尽情伤害，而是当
遇到这种情况之后，我们知道应如何自处，并有所作为。正面冲突、
暗地报复或消极逃避，都不是最理想的做法。

　　我的建议是，继续把手上该做的事情好好完成，不怠慢自己的工
作职责。至于事情如何发展，就算最终仍得离开、无法成全大局，也

只求问心无愧。无关乎别人，那都是对自我职场性格养成的一种最成熟而温润的提升。

66

　　很快地，我被斗垮的消息，传遍了整个公司。我又回到三楼办公室的大会议桌，继续做着开发工作。耳边尽是流言蜚语：有人私下讥笑我；有人对我投以同情的眼光；也有人为我打抱不平。我没多想，只是如常做好戴先生交办的工作，同时暗自思考下一步该怎么走。

　　而得到权力的 John 与阿左，以为从此之后平步青云，遗憾的是，事情并没有如此发展。他们开始直接承受来自戴先生的高压。戴先生以过去要求我的标准，"很公平地"对待他们两位。而当时我之所以能兼顾开发与策划两边的工作，是靠牺牲私人生活换来的，少了这样的觉悟与投入，业绩其实很难达成。

　　坦白地说，当时戴先生所下达的工作强度，如果没有我居中缓冲，年轻团队是绝对无法承受的。作为部门主管，我力求给伙伴良好的工作环境，所有高压到我这里就好，我会先抵御并消化，细致调节一番后，再转变成明确的工作指令，每个人只要各司其职，专注于自身工作，团队就能好好运作。

　　可能当时 John 没能好好理解戴先生的性格，尽管老板随性又平和，但对工作要求却极为严厉。John 还以为能从办公室政治操弄中，侥幸获得好处，不料所有压力立刻转移到他身上，他与阿左两人终日水深火热。

结果我从当事人变成局外人，听说戴先生每次开会都在吼 John 与阿左，我忽然有点同情他们。偶尔晚间下班时，我会开车绕到营销策划部的办公室外偷偷远望，关心大家的状况。

我总会看到阿左一人加班，听说 John 又把工作全甩给他。我忽然觉得，这两个家伙实在有点可怜又可笑，怎么把自己弄得这么狼狈！

ᑕᑕ

话虽如此，我也无暇看别人笑话，我早已思考了自己的下一步，决定离职。

准备提交辞呈的几天前，我拜访了戴女士，想在离开前，谢谢她给我的诸多善意。没想到她一派潇洒轻松，笑着说："哎呀，离什么职啊，不是待得好好的吗？"我听到后愣了一下，也许我们之间存在着相当大的认知差距。

"你觉得公司不好吗？"她问。

"不，我只是觉得，我好像帮不上公司什么忙。"我失意地说。

听我说完之后，戴女士站起身，走到她办公室外的阳台，回头望着我。"Kris，我可以抽一支烟吗？"她笑嘻嘻地问我，我腼腆地笑着点点头。她又问："那你觉得，公司现在最需要什么？你又能帮公司做什么？"

我想了一想，答道："公司现在需要品牌，确立品牌定位，阐述理念与观点，逐渐安排进入公众的视线。"

语毕，戴女士眼睛一亮："这个想法很好，应该是要做品牌的时候了。"我望着戴女士，她可能看我一脸哀戚，又笑吟吟地开解道："没事啦，不要想这么多，我去跟戴董说，把你安排到我的办公室，我们来想想怎么开始。"

就这样，我从载浮载沉的海面上，被戴女士顺手捞起。不久后，我就从开发协理转被任命为品牌协理。放下开发工作，有了全新的工作聚焦，也暂时打消了离职念头，但对未来仍充满未知。

另外，由 John 所带领的营销策划部持续崩坏，各部门抱怨不断。就算在公司听到再多传闻，对我而言，好像都已是很遥远的事了。那段时间，我就只是安静地做好戴先生交办的事，别人问我再多，我也不愿过多表示意见。

就在事发不到 3 个月的某日午餐时间，一位同事面带欣喜地私下对我说："听说 John 离职了，Kris 你赢了啊！"

据说 John 是因为受不了戴先生高强度的工作要求，很快就逃走了。但营销策划部已被他弄得一团糟，所有的人都失去了工作方向。后来听说阿左也准备离职了。戴先生特地来问我，有没有意愿回去接手营销策划部，我婉拒了。但戴先生又说，在找到新的营销策划主管前，希望由我出面慰留阿左，并问问他有没有兴趣上位，尝试带领整个部门。

某个午后，我开车来到策划部办公室，人没走进去，只开个门探头喊了一声阿左。所有人看到我，又惊又喜的，好像被挟持的人质终于获救了一样。

我与阿左两个人站在户外，沉默了几分钟，的确是有点尴尬。我首先打破僵局："阿左，公司听说你要离职，请我来挽留你。这段时间戴先生觉得你的工作态度不错，如果你愿意的话，公司愿意给你带领部门的机会，你也试着让自己成长，如果你有需要协助的话，随时来找我。"

对话过程中阿左的眼神始终没有与我正眼对上，闪烁又闪躲。"总之，你好好想一下，做了什么决定，再跟戴先生说一声。"

我转身准备开车离开，阿左突然说了句："Kris，对不起。"

我只望了他一眼，笑着摆摆手："没事，都过去了。"

66

这件事情之后，我才发现，自己好像没有真正去憎恨另一个人的本事。

那些出现在职场曾伺机伤害过我的人，一个个张牙舞爪地出现，然后又如烟雾般淡出消失，好像也没真正伤我入骨。

在那个时候，我的确是真诚地想帮助阿左，且不带任何情绪。而那个仓皇而逃的John，我也没憎恨过他，我明白这是他在职场中的生存方式，而选择用什么方式生存，所有果报也都会回返到自己身上，这些都是他要承担面对的，无从逃避。

身为被他伤害而幸存的我，如有机会再见到他，我想我应该还是能若无其事地与他相对吧。

最后，阿左决定留任，而公司也不知从哪儿又找来一个人，很快地顶下了营销长的职位，整辆"拼装车"整一整，策划部门又颤颤巍巍地再度上路。

有人会问，为何我最终还是没有回去接任策划部主管？私心来说，还是得让一个人表现得更差，才更能显出我的出色。

当然，这完全是很有风险的做法，如果接手的人比我更出色，我就比较尴尬了，但那也是我的命运，我从没强求。

再回到我与戴女士的约定，我担任品牌协理后，以幕僚的角色推动品牌布局和发展，手下没有团队，什么都得亲力亲为。这是我给自己与承亿文旅的最后一次机会，如果再次失败，我也认真试过了，双方都将无愧于彼此。

没想到这一试，竟让品牌有了全新生机。戴女士是我的贵人，她为我的职场价值观与人生观带来了正面影响，将我的思维提升至另一种新高度。多年后每当想起这件事，我脑中就浮现出戴女士淡定轻松、笑眯眯的模样。我从不知道，她是如何总能胜券在握的？

99

孤独力高级修炼（五）

第一步：当你终于盼到时间给予你一个公平答案时，其实这个答案本身已经毫无价值了。此刻你该做的，是跨过这个答案，远方的人生，还等待你去奔赴。

第二步：试着同情职场上曾伤害过你的人，而非悲悯他们的错，好好清醒地俯视，看着他们失败。

第三步：孤独的修炼者从不需要他人认同，毁誉都是虚妄。就让自己基于生活之上继续前进，伺机找到施力点，让孤独力开始野蛮生长。

06 | 蛰伏

不公平是人生的常态

♭♭

大家相信那些口沫横飞的品牌专家或营销专家吗？前文提到过，我从不相信。

没人敢保证，跟着教科书（或所谓成功个案）照葫芦画瓢，就一定能成功。最多只能说，所谓的专家，可能过去比你多了更多试错机会，以致后来他的成功概率看似较高，但这不代表他比你厉害，很可能侥幸成分居多。

所以，既然谁都没有绝对的自信，就没有所谓专家的存在，为何要对未知的挑战感到恐惧？去除所谓专家的花哨光环，在每个人条件、机会、资源均等，赤手空拳的状况下，谁会比谁厉害、谁比谁更专业，还很难说。

我的建议是，先盘点自己手上握有多少资源，再彻底研究挑战的全貌，接着弥补不足、洞悉需求，试着找出机会点。更重要的是，问清楚老板要的到底是什么、想达成什么效果；内外全局掌握后，下一步，便开始动手。

就算没有真正的品牌经验也无妨，反正谁都不会比谁厉害，不必一开始就自我低估。过去的案例经验尽管可供取样，但无须尽信，因为这当中多数带有夸大成分；必要时你得抛弃教科书、跳出窠臼，用全新思维做品牌，反而能找出一条新出路。

ЬЬ

当年我曾夸口："做营销不用花钱。"总经理戴女士闻言，再度喜出望外："这个好。"但我当时心里想的其实是："嗯，应该可以吧？"

在"反正我已经没什么可失去了"的心境下，忽然之间，我为此热血沸腾，这个品牌应该怎么做，一切由我说了算。

旅馆业说到底还是传统产业，高资本投入、高营运成本，且毛利较低、劳力密集，本质上仍是基于人们"住一宿"的物理性需求。大多数的旅馆业者，还是必须在房价与住房率之间挣扎，以及将命脉依附于诸多旅店业务的平台。

我在传统的刚性需求基础之上，决定尝试对旅馆业做些不一样的品牌意识革新。

作为新旅店品牌的后进者，如何让公众认识承亿文旅，我决计自成一格，要颠覆所有人对于旅店品牌的传统定义。我的想法为："反正没有人做过文创设计旅店品牌，不如就从承亿文旅开始，让我们成为旅店派别的新倡议者吧。"

首先，我决定为承亿文旅说故事——重要的是，我只说真实的故事。我开始搜集、捕捉承亿文旅两位创办人（戴先生与戴女士）对于品牌与旅客的许多想法与热情，并将包含其中的真诚敞开，化为一个又一个品牌要素，慢慢建构成得以口耳相传的小故事。

那半年没有团队支援，我只得孤身一人，独来独往，每个人都知道我在做品牌，但几乎没有人知道我在做什么。

于是，又有人在谣传：我不过是在苟延残喘，做最后的垂死挣扎。面对这些闲言碎语，我也只是消化，不做辩解。我明白，当你还没做出成果时，说得再多都是多余，于是就尽情忍受猜忌吧。

我仍旧日复一日，若无其事，搭着公司那座熟悉的观光电梯，沉默地进出办公室，上班下班。在嘉义的生活、晨昏景致尽管美好得令人眷恋，但对我而言却总有些许苍凉。不过一年的时间，我就被摧残得像是已度过数年。当时的每一天虽然看似很有目标，其实我都在孤独地倒数，充满矛盾与倦意。

台中鸟日子店的开幕记者会在即，进入与媒体沟通、采访邀请阶段。当年的我什么资源和人脉都没有，只得一一接触请托与联系他人，要在有限时间内完成所有布局，身心承受了极大压力。

当时公司内部依旧混乱，同期加入的许多同事们，也都因为压力过大而陆续离职。几乎每周都有人约我吃告别晚餐。看着我一脸憔悴，每个人都好心劝退我，这地方不值得努力，再拖下去也难逃败阵出局的命运。我总是笑着称谢，吃饱后再开车回办公室加班。开幕前一周，我每天都忙到凌晨一两点，走出办公室时万籁俱寂，星月已稀。

我明白，这段路，我必须得孤独走过。

ㄅㄅ

记者会非常成功，像是平地一声雷似的引发了在场媒体的好奇与关注。现场热闹非凡，大家聊得热络，我忙着将戴先生与戴女士介绍给媒体认识，双方展开对话后，我便含着笑低调退至一旁，内心平静又淡定。

记者会结束后，我没有就近返回台中老家，而是直接开车回到嘉义住处，整个人筋疲力尽，倒头就睡，直到隔日傍晚才醒。

不知道为何，我仍觉得疲惫，可能是睡得太过头的缘故。我从床上勉强撑起身子，十分饥饿，窗外的夕阳就快沉落。手机里满是同事与友人传来的网络媒体报道链接，持续向我送上热烈的祝贺或肯定，我却毫无兴奋感。一觉醒来，世界好像变得有点不太一样了。

　　我窝在狭小的住处，依旧孤独自处。"先洗个澡，换身衣服，出门吃碗鸡肉饭吧。"步出住处时，我一身清新，第一次感觉到嘉义的空气是这样的温暖抚慰，像是张开着手，环越过我的肩，接纳了我。我想自己好像可能做对了一些事。

　　品牌在媒体曝光后，迅速在网络上发酵，获得热烈回响，更产生了品牌声望，也持续引发了公众与传媒热议。我的信箱陆续涌入各方媒体的采访邀请，还有文创与营销相关合作邀约。

　　我回想起戴女士曾说过："做品牌，就是要大声嚷嚷啊！"

　　至此，我们似乎已做到了"大声嚷嚷"的第一步。

　　那么，下一步呢？

99

孤独力高级修炼〔六〕

第一步：这个世界上，没有所谓绝对的专家。有真本事的专家无论遇到任何问
　　　　题与挑战，总是从容不迫，知道如何找出事情脉络，下一步就是去做。

第二步：何必害怕失败？根本不必。失败不应该是一种不得已的结果，而应是
　　　　激发你愿意犯险的动机。

第三步：置之死地而后生，做好最坏打算，自我启发大无畏的心神，正是你获
　　　　得成功的最大契机。而真正的成功，是当别人认为你成功了，而你却
　　　　只感到理所当然，因为一路而来，辛苦走过，没有侥幸，这些都是应得。

07 ｜ 应酬

应酬不是人到心不到，
闷着头吃吃喝喝就好

ЬЬ

职场的本质，从来不是以一种光鲜优雅的样貌存在。我总相信，职场中越光鲜的表象背后，总有越多的挣扎与艰辛。

我的建议是，不逼问工作的意义，只问该如何工作、如何发挥所长，真理不见得让你立刻看到价值。

别抵抗也别假装，全身心投入，那是你对职场人生的真切回应。

ЬЬ

坦白地说，来到嘉义工作后，我一直有种恍恍惚惚想离开此地的心情，但不知为何，在某个晨间醒来之后，这感觉忽然消失了。

我感到自己在工作上找到了着力点，正逐渐驶进轨道里，虽不知会通往哪里，也不确定这个稳定的状态能持续多久。心情从"计算能在公司待多长年限"变成"随时都在倒数，随时都有离开的可能"。在这样的转变之下，我反而更珍惜每个能展现工作实力与价值的机会。

台中鸟日子店开幕后，承亿文旅累积了些许名气，受到了来自各地的厂商、投资方与银行的青睐，众人纷纷找上门来，寻求各种形式的合作。身为团队的品牌负责人，在本职工作之外，陪同戴先生与戴女士接待合作方与媒体，自然也成为我的重要工作之一。当年北部媒体圈曾盛传做文创最会喝酒的，就是承亿文旅。

来过嘉义拜访的媒体或合作方，从没人能清醒地走出我们公司。"来承亿文旅拜访，要谨慎小心，他们团队都很会喝。"众人总是私下互相提醒。当时还有一种说法：只要午后在嘉义高铁站遇到醉醺醺要北上的人，随口一问，都极有可能刚从承亿文旅吃完饭，然后被灌醉（以上仅为笑谈，希望当时都没耽误到大家的正事）。

bb

酒桌上不谈生意，那该谈什么？

当年，为了积极维护与合作方的各种关系，几乎每隔几天，就有一场应酬。通常是白天谈完正事，中午过后就是所谓的"做自己"时段。你要说对方身份显赫也好，职级普通也罢，酒桌上就是不谈生意、不谈数字、没有套路、不谈养生、不聊健康；言谈时事、话人生、谈嗜好、问兴趣，或互问最近有没有谈恋爱，或开玩笑胡闹，硬要看别人手机里的照片。

而这些聊过的，只留在餐厅包厢里，明日太阳升起，宾主各自士农工商，一切如常。就这样，尽兴地度过许多交心时刻。我吸收与消化在场每个成功人士的言行，观察并学习戴先生与戴女士的对话，时而严肃，时而轻松，自然生动，游刃有余，诚挚且成熟。

这些应酬是在敞开内心的互动中发生的，因此格外能理解彼此的真性情与本性。因应酬所建立起的交情，那是商业关系之上沉淀下来的佳酿，万分珍贵。

我认为，作为职场中一个真正的孤独修炼者，应该更兼容并蓄地接纳所有事物，而非曲高和寡。所以，我乐于积极地接受应酬文化。越孤独的人越应该成为一个更清醒与理性的存在，积极融入，随时为在场气氛所需而及时补位。

再说到自己，我自知并非社交型人格，但当工作所需时，我并不自我设限，这都是人生的学习。所谓的高冷，只是无谓且无端地坚持或放不下架子罢了。于是，当我知道有这样的需求时，我敞开自己，让自己这样的人格特质开始生长。

当众孤独

张力中 ◯ 著

孤独修炼手册

孤 独 修 炼 手 册 ◗

和解。

一个人逛街，一个人吃饭，一个人旅行，一个人做很多事。一个人的日子固然寂寞，但更多时候是因寂寞而快乐。极致的幸福，存在于孤独的深海。在这样日复一日的生活里，我逐渐与自己达成和解。（by 山本文绪）

和
解。

出厂设置。

孤独是我们的出厂设置。我们像一个个相隔遥远的星球，在不同的轨道运行，独善其身。没人能够了解自己，毕竟自己这么难懂。

出厂设置。

表面的朋友。

我不再装模作样地拥有很多朋友，而是回到了孤单之中，以真正的我开始了独自的生活。有时我也会因为寂寞而难以忍受空虚的折磨，但我宁愿以这样的方式来维护自己的自尊，也不愿以耻辱为代价去换取那种表面的朋友。(by 余华)

表面的朋友。

读
书

读书。

读书的时候，实际上不是读，而是把美丽的词句含在嘴里，嚼糖果似的嚼着，品烈酒似的一小口一小口呷着，直到那些词句像酒精一样溶解在身体里，渗透进大脑和心灵，在血管中奔腾，并冲击到每根血管的末梢。

骄
傲
。

骄傲。

孤独并且优雅生活的方法就是，保持骄傲，提升能力。别人都结伴成行的时候，不心酸，不自艾。因为别人结伴才能做到的事情，自己一个人也可以。

发光。

要活成两种样子，发光和不发光。不发光的时候，都是在为发光做准备。

发光。

要用心。

你用心读过的书、走过的路、爱过的人，都会成为你人生路上的指路牌。也许你已经忘记了的东西，其实都在偷偷指引你前行的方向，它们一定会在未来的某一个时刻，帮助你表现得更出色。

要用心。

有追求。

人越是明白，越是有追求，就越孤独。所谓的成长恰恰就是这么回事，就是人们同孤独抗争，受伤、失落、失去，却又要活下去。

有
追
求。

没什么不好。

没什么不好。

孤独是必然的，每个人都会遇见孤独，尤其是面对高考结束的失落、初入大学的陌生、毕业后的惶恐、工作时的迷茫……但只要记得两件事就会好很多：一是孤独没什么不好，二是不接受孤独才不好。

靠谱。

建立亲密关系的前提是，只有当对方或者整个团队和你一样努力才值得。如果一直只有你一个人在努力，那么你值得更好的团队。不要因为感激、念旧或者不好意思而把自己留在一个不属于你的地方。

靠谱。

帮自己。

帮自己。

你与职场并非上下关系，而是比肩并行。如果你认为当下的一切还有努力的价值，想想能再次给公司提供何种协助，这是在帮自己一把。

虽败犹荣。

很多人离开另外一个人，就没有自己，而你却一个人度过了所有。你的孤独，虽败犹荣。（by 刘同）

虽败犹荣。

不是事儿。

不是事儿。

年少的时候，很多人觉得孤独是很酷的一件事；长大以后，又觉得孤独是很凄凉的一件事。现在，你发现孤独不是一件事。至少，你要努力不让它成为一件事。

到人群中去。

把部分的孤独带进社会人群中去，学会在人群中保持一定程度上的孤独。这样，他就要学会不要把自己随时随地的想法马上告诉别人；另外，对别人所说的话千万不要太过当真。他不能对别人有太多的期待，无论在道德上抑或在思想上。（by 叔本华）

到人群中去。

本色出演。

我们大可以活成我们自己，活得更本色一点、更真实一些，反正还是会有人喜欢你、有人不喜欢你，但至少你会更喜欢你自己。

本色出演。

You are

alone

Not lonely

ᛒᛒ

应酬前，我总要先自我布置一堆工作。

提早从戴先生秘书口中获取即将来访的合作方信息，包含对方公司名称、人数、来访者职务和经历等。用网络搜索对方信息，收集可用的应酬话题素材，如对方公司发展新闻、过往媒体受访内容等，避开可能的争议话题，皆以正向与美誉为主，逐一记在脑海中。

赴宴之前，我习惯提早开车至垂杨路的某间便利店，买两个三角饭团，一瓶酸奶，坐在窗边位子，安静地望着车水马龙慢慢吃完。一边咀嚼，一边整理接下来的应酬思路，以及该如何发挥。

我会在宾客未到前提前进入包厢，并以"梅花相间"的方式安排座位：一位贵宾夹一位我同人。此外，我的位置通常会尽量选在戴先生斜对面视线可及之处，以便席间对话时有所照应。

应酬开始，宾客陆续入座后，我会逐一交换名片，并根据每个人的座位，对应着名片在桌前排序，暗自记住宾客长相特征，以便席间能正确且自然地喊出对方名字。

接着，菜肴还没上桌前，会先送来开桌香槟酒。中南部应酬文化特色是顺着圆桌（顺时针或逆时针任选），逐一干杯敬酒——读到这里大家就知道，我为何一开始要先在便利店填饱肚子了，以防一开始就喝倒。戴先生的应酬教育，有点日本武士道精神："要喝就不假喝，要真喝。"充分展现公司的豪气与诚意。

席间用餐到一半再上红酒，就可依照双方状况酌饮。谈笑之间，关系渐渐熟稔，我悉数将早先汇总的话题素材，在适当时机放入应酬对话中。言谈中自然而然地拉近双方关系，寻找共同话题，产生熟悉与归属感，进而找到双方相似之处，如企业文化、企业未来发展状态，以促进双方后续友好合作。

举个例子，如果对方爱运动，我便会顺势提及戴先生也擅长羽毛球；对方如果喜欢艺术，我就会在对话内容中，悄悄放入戴先生近期支持的新锐艺术家话题，以及有趣的藏品介绍。如果从报纸杂志中知道对方曾有过绯闻，我们就不畅谈美满的家庭婚姻关系，只谈如何谈一场好的恋爱。

一场应酬热热络络、话题不断，宾主尽欢。是故，应酬不是人到心不到，闷着头吃吃喝喝就好。

写到这里，我不禁又想起戴先生的名言："唉，应酬不是来呷丧（丧礼过后的饭局），说些话啊！"

那些日子，我常常喝到凌晨三四点，回到住处盥洗后入睡，不到几个小时便起床，苍白着一张脸，准时出现在公司开会，并在两天内就着拿到的名片，逐一联络，寄出"感谢来访"的电子邮件。

我们畅饮，但从不耽误工作与会议。

应酬这门课程，我不知道自己到底学得好不好，但我始终尽力，让自己野蛮生长。

99

孤独力高级修炼（七）

第一步：认清职场复杂的本质，积极清醒地入世。在不同场合，扮演好当下角色，积极随和，认知自我价值。不对工作提出大质疑，那毫无意义，只问眼下如何达成。

第二步：一个孤独的职场修炼者，应能展现多元成熟的职场面貌，而非一味孤高自限。让自我的不同职场人格，在每种场合恰如其分地展现，以本色演出，理解、学习，且确实做到。

第三步：应酬是自己的事，总之别让家人为你担心。

08 | 博弈

要么完全信任我，
要么干脆别用我

bb

人在职场中，争与不争，似乎是职场生存中，常常面临的抉择与考验，无论主动还是被迫。争了不见得能拿到，不争也不见得能相安无事。

如果问我答案，我想告诉你的是，争与不争，必须摆脱零和博弈的思维，让争与不争之间，成为相互依存的关系：既要争，又要不争。

所谓不争，指的是不与人产生白热化的明争。虽然人们常说职场上的良性竞争，可以刺激企业成长，但我看过更多的是内斗、内耗与沦落。然而不争之余，要做到在职场中迅速找到自己的定位，寻找哪些事还没人做，而你能发挥得最好。确认后，不用吝啬折腾自己，全力以赴去做，直到专业能力被认可，位子坐久坐热，职场存在感会伴随而来。

如此，当上司有需要时自然会想到你，而你也早已准备好，一切水到渠成。本应属于你的，从不需要争。

所谓争，指的是上司给你机会了，为确保这个机会以后不产生质变，要主动要求对这个任务享有一定的自主权。

简单来说，面对这个机会，你要争一个"绝对信任，他人无从置喙的主导权"——既然是你拜托我做，就得照我的游戏规则走；做得好是应该的，做不好就走人。一切全由自己承受，充满信心与野心，拿出这样的气魄，这才是成熟的职业经理人应该有的风范与态度。

相信我，这不是恃宠而骄，漫长的职场中要持续培养独立思考的能力，别让自己陷入泯然众人的命运。久而久之，你将从职场的桎梏中释放，获得最多的独立思想与行事自由。

而在抉择来临前，时机尚未成熟时，独自持续冷静观察与思考，顺势而为；踏实不冒进，把手中工作做好。然后，静待时间改变局势，慢慢打消外界的质疑，直到你的努力和优秀被看见。

放心，属于你的你将终有所得，时间到了，它会双手奉上。

bb

有人可能会质疑，凭什么职场游戏规则总是由我说了算？

是的，拥有工作主导与话语权，这是我成为职业经理人之后毕生追求的境界，而接下来就是我要讲的故事。

凭借着台中鸟日子店在媒体上热烈曝光的效应，我的工作定位有了着落、找到了着力点，终于初见曙光。也就在我做出成绩后，闲言碎语渐渐消失，别人看我的眼神也不太一样了，但我并未立刻迎上前，接纳所有人的善意，而是依旧刻意与大家保持距离，独来独往。

我没有太多时间去逐一回应人们的温情善意与询问，我礼貌回应，但不求亲近。说实话，我反感于将时间蹉跎在这些职场小确幸中，只想用工作绩效说话。

时间很快来到 2014 年，公司旗下的第四间新馆桃城茶样子即将开幕。台中鸟日子的品牌宣传暂告段落后，我旋即开始筹备"桃城茶样子"的品牌计划，工作强度极大，节奏从未慢下来过。

所有大小事我都独自包办：准备资料、撰写新闻稿、安排媒体采访与接待，偶尔还有"疯狂应酬"要对付。

另外，我也开始尝试与外部品牌合作，自己商谈、策划、执行一手抓，但我不以为意。后来回想，当年自己的行径有点变态，像是抓到了机会，为了那个过去一再被看轻的自己讨回公道，非要证明什么似的。

过程中，当我展现出能力时，外人看来理所当然，"做品牌本来就是你拿手的，做得轻松，信手拈来"。然而实情是，在资源匮乏、几乎没有预算、没有团队的情形下，我只能用更多时间、体力与精力来拼，好让一切看来有模有样。

这感觉很像是你的暗恋对象说："好想去看某个热门演唱会，但票真的很难买。"为了讨对方欢心，你说："没问题，我有门路，帮你弄几张。"但事实上，你只能跑到便利店，连夜等在售票机前，为对方一再刷新购票页面把票买到手。看到结果之后，没人会在意或再追问过程了，只觉得你真有本事。

♭♭

很长一段时间，中午时段我会特意与大家错开用餐时间，因为我真的很讨厌那些办公室的八卦。

记得当年我曾连续一周午餐都吃同一家店的中碗鸡肉饭，配同样的味噌汤，坐在同一个角落的座位，听同一时段的广播。隔周，再去另一家店，再吃一周，反正嘉义卖鸡肉饭的店家非常多，轮也轮不完。我会赶在店家中午休息前入座，听着他们一边洗碗收拾、擦桌、闲聊。店家休息前的吃饭时光，我在一旁安静地咀嚼，静谧的嘉义小镇午后总是有凉凉微风，些许寂寥。

事后，看到那段时间的脸书回顾，每张照片里的自己都憔悴得像鬼一样，当年身在其中，却浑然不觉。

桃城茶样子店开幕前几天，我忽然被叫到戴女士的办公室。戴女士与另一位主管同人开宗明义，希望我在桃城茶样子店开幕活动结束后，重新接掌营销策划部门。我盯着她们热切的脸，过往的记忆开始在脑中涌现。我看着这个曾用力背叛过我的职位，现在却热切地对我招手，就像莫文蔚的那首《阴天》一样："一人挣脱的，一人去捡。"

禁不住眼前两位主管的热情游说，我想了想，开口"威胁"她们——不是越权，也不提加薪，我只谈了一个条件："我要说了算，也必须对我绝对信任，除了直接主管，任何人不得置喙干预。在这个职位，我给自己一年时间，自觉做不好，或不如我预期，不用等你们开除我，我会自己走人。"

终于，我花了两年时间，在证明了我的工作能力后，凭着这段时间累积的工作经验，为自己的前途打下基础。戴女士虽然给我极大的支持，但我的内心仍不觉狂喜，盯着她们俩笑容满面的脸，我有种一朝被蛇咬般惴惴不安，不知未来是福是祸。

数天后，桃城茶样子店以百人茶席形式，挟着最多公众期待与关注，热闹非凡地被簇拥着，它的风光开幕成为嘉义当地最大盛事。那整个周末，全嘉义几乎被桃城茶样子店的开幕消息所覆盖，承亿文旅的品牌声望达到巅峰，并被媒体持续大篇幅地报道。

午后记者会结束，陆续送走媒体，逐一派车送往高铁站，活动圆满结束。折返大厅，见到营销策划部门的同人，堆满笑容地在合照，我只身远远地站在一旁，不想打扰到别人的兴致。突然一阵强烈的饥饿感袭来，我才想起从早上到现在，只喝了一杯黑咖啡，突然好想去吃一碗鸡肉饭。

一周之后，人事任命发布，我成了承亿文旅的品牌长。公司也依照我的需求，把营销策划部门更名为"品牌发展处"，正式迈向新进程。

上回离开这个部门已过了一年多，这回我重新带起团队，除了感谢戴女士的诸多眷顾，我更明白，承亿文旅这个品牌，创造了我职业生涯的辉煌。

因为这一切，本来就是属于我的。

99

孤独力高级修炼（八）

第一步：谈争与不争之前，先看自己是否已攒够职场资本。职场资本取决于两
　　　　种来源：在老板心中的正面良好印象，以及日日精勤的工作成果，而
　　　　后者占更大比重。就在日常中若无其事的努力，让职场资本持续累积，
　　　　终有一天，时光会给你回报，你已足够强大。

第二步：当你明明不争却仍获机会时，就让自己成为拥有谈判筹码与决定权的
　　　　人。因为当你接受的那一刻，就成了决定成败的关键；而你设下的接
　　　　受挑战的条件，只是在确保双方都能因这项决定，提高作出成果的概
　　　　率。你是在帮助自己，更是在帮助企业，所以，别轻易放弃这项权利。

第三步：别因为害怕白白承受职场中的挫折与磨难而选择逃避。当你经历了，
　　　　所有历练都将内化成你个人的无形资产，使你壮大。

09 | 低调

没人关心过程有多煎熬，他们只在乎结果好不好

bb

　　本节故事要回到我刚被戴女士收编，转任品牌协理的那段时间。由于公司位于中南部，而非媒体热区的台北，再加上品牌毫无名气，初期并没有太多营销预算可买广告。于是，我总被迫在什么资源都没有的情况之下，想尽办法完成一件事。

　　换句话说，对当年的我而言，换位思考其实是不得不发展出来的一种生存对策。写到这里，我又想起戴先生当年常挂在嘴边的一句话："不要怪天气不好，天气不好就把身体锻炼好啊。"

　　是的，除了抱怨之外，总还有别的事情可以做。

　　想了几天后，我决定先从公关做起，先为品牌挣点名气。但该怎么引发媒体对承亿文旅产生兴趣？可能得先建立一个媒体数据库，先按属性将媒体分类，包含电视新闻、杂志、电台、网络媒体，再按地

区分类，从零开始，慢慢整合。

记得当年敲下第一张 Excel 表，我兴奋了 5 分钟不到，便望着一整片空白表格发呆，心里有些茫然。接着，我回想起早些年，在广告公司任职业务员时的陌生客户开发过程。忽然，我像是开窍了一样，决意就把公关推广当成带业绩的业务工作吧。

首先，我先把可能的新闻媒体素材分类：谈创办人、谈组织创新管理、谈文创、谈建筑设计、谈品牌创意、谈感动服务，素材缜密多样。并根据媒体属性，逐一准备对应的沟通内容文本，先帮媒体设计好、为其报道类型量身定做适合的切入点，做好媒体服务。

同时，我持续大量阅读台湾在线旗下所有生活旅游类的杂志与媒体，牢记每位记者的名字，再想尽办法通过各种方式联系。

那时，我还练就了听声辨人的功力。

凡是曾通过电话的媒体单位，电话一接起来，光听声音我就能知道是谁，并抢先喊出名字；曾见过面的，我也能清楚记得彼此谈过什么话题，一切都像是本能般自然。

那段时间，我脑中同时强记了一两百位台湾媒体人的名字，包含其任职的媒体。我一个人负责这项业务，每天不断打电话、寄电子邮件，并亲自接待。

同时逢年过节联络感情，也是考验我体力的时刻。每年都要准备上百份的年节礼盒,每份都会附上我亲手写的卡片,收件人不同,内容也不同。年年总有这么仪式感的一天,我会花一整个下午,把一百来张卡片写完,写到差点手抽筋,整支笔的墨水也被我写干了。

之后,像是什么神秘的开关被打开了一样,承亿文旅的声望开始涌现,在台中鸟日子店开幕记者会上,初见成效。经过半年努力,承亿开始接到各方热烈的采访邀请,从未间断过,也正式开启我忙碌的公关人生。

那段时间,我几乎每周都有两三个甚至更多的采访。经常同一天,早上我还在新北市的淡水吹风接待,下午就出现在台中鸟日子。也常常在嘉义商旅接待完媒体后,便驱车前往桃城茶样子。当年的公关人生,我几乎是把高铁当出租车在搭,在各分馆间奔波。

就这样,每月至少有固定 8~10 则的媒体曝光,承亿文旅品牌声望持续上扬,而每篇报道背后,都有个被翻来覆去折腾的我。

bb

承亿文旅与媒体的关系,就好似老友一样。媒体朋友们一组一组、不辞劳苦地南下到嘉义。如果有时间,我会亲自开车前往高铁站或火车站迎接。并随着沿路风景,做一趟城市导览;或是为媒体朋友们如数家珍般地说说关于嘉义的故事。

　　有时，我也与他们分享戴先生白手起家的创业历程，气氛轻松惬意。毕竟比起台湾其他县市，多数人并不会特意来嘉义。

　　当年也总有媒体对我说：他们生平首次嘉义采访之行就献给承亿文旅了，每每听得我十分感动。采访结束前的场景，总是夜里大伙聚集在桃城茶样子的顶楼酒吧闲聊，酒精在流动的血脉里窜动。有时我会恍惚觉得，媒体朋友像是接力般来到嘉义陪伴孤独的我。

　　心里有最多最多的谢意——谢谢，喝吧，我们喝吧！

　　随着品牌越来越出名，"承亿文旅品牌长"这个头衔，好像也成了一顶冠冕，而且越戴越有价值。坦白地说，有不少媒体开始对我个人的生平感到好奇，并提出采访邀请。

　　这使我开始思考，人在职场中究竟是要放大自己，还是缩小自己？

　　也许是我孤独的性格使然，最后，我仍选择低调以对，情愿做个没有声音的品牌长。低调并非矫情，而是我认为，一个企业的品牌主体，从不应是品牌的推动者，所以我从未以品牌长的身份发表过任何一篇以我个人为主的专访；顶多为了宣传品牌，而在各种发布活动上稍微亮相，这已是我的极限。

　　但我更明白的是，当某天承亿文旅能被公众所广泛认可时，终将不言自明地为我无声证言。

除了孤独性格使然之外，职位对我而言，只是企业为了要让我做这份工作，而赋予我的一个身份。它的本质，仍是一种虚妄的存在。我从没因此恃宠而骄或迷失。

某一天当我必须离开时，我还是得好好地、完整无缺地将这个职位还给企业。最后我所拥有且能带走的，是过程中累积的实力，那才是属于我个人的。这样的想法，好像有些异于常人，我却将其视为某种行事哲学，低调做事，日日奉行。

回顾这段在承亿文旅的公关人生，虽然过程中也曾多次遭遇恶意、冷言或被狠挂电话，我却始终表现得若无其事，并未真正受伤或被挫败。我只是尽力付出最大努力，同时迎来更多可能，由得我慢慢地从中淘取成果，最后我也确实得到了丰厚的收获。

99

孤独力高级修炼（九）

第一步：跳脱主观意识，并以互惠作为思考的出发点。先充分理解对方的需求，同时思考如何顺势完成个人需求，让换位思考成为最佳思考方式。尽管看似进展缓慢或很要花时间，有时却能意外地加快成事的速度。

第二步：换位思考之余，在所有关系里，把自己放到最小，把空间留给所有人。勤恳地为所有人服务，事事放在心上，让自己成为职场中被人充满信赖感的存在。

第三步：不役于头衔，称谓都只是虚妄。你只需要看清本质中孤独的自己，不求过度放大自身在团队里的存在，尽本分并低调永远是上策。

10 | 创意

一点点不一样，
会让一切都不一样

bb

回首这些过往，我感到万分庆幸的是，当年承亿文旅在传统旅店业之外，以文创旅店的新派姿态成为独一无二的存在。在没有老饭店包袱习气的情况之下，拥有极好的契机，可尝试许多品牌创新模式的思考与推进。

我意识到旅店是物理性空间，除了让旅客"住一宿"之外，也是一个多功能载体，它的可能性应该更多才是。如何能让空间产生最有创意的最大价值呢？为此，我的下一步做法便是进行"内容开发"。

在这个过程中，我向来只有一个原则：我不做发明，我只做创新。

bb

我的创新不是从模仿开始，而是在当代各类创意基础上做些异变，进行要素增删，添加有趣元素，或是从表现形式改变，就能产生显著新意，且极具时效性。再通过持续宣传与品牌强化，创新就渐变成了原创。

无时无刻，我都在捕捉所见所闻中灵光乍现的创意，并思考落地执行的可能性，从没停歇过。虽然每天工作庞杂忙碌，但脑袋里能做这些碰撞与思考还是挺有些意思的。于是，我又想起戴女士常说的："工作是生活的延伸。"

当年承亿以"文创设计旅店"确立品牌定位后，我身为品牌长接下来更多思考的是，该如何才能让文创设计旅店的内涵更扎实、更有正当性与充满值得探索的底蕴，以及又该通过什么方法实现，满脑子浮想联翩。

承亿文旅的品牌层次上，已超脱"住一宿"的物理性提供，而是通过"旅宿"这个行为手段，成为一个"界面"，并以平台形式扩大实践在文创旅行体验中的各种可能。

当年团队中有一位艺术长黄老师，她对于艺术有着非常高的审美标准，同时她也是我品牌创意的缪斯。她创立了承亿文旅知名的"艺术客房系列"，并订立了艺术展览的常识规范，为品牌的文创底蕴奠定了良好基础。

当我从品牌角度进一步思考，如何通过这些活动塑造出更多商业价值，并具有显性、导流量，产生更多延伸产品——一发不可收了。

在"以旅店为平台"的想法基础上，我将原来静态的艺术展览进一步转型为与台湾新锐文创品牌合作，以品牌联名的概念，邀请他们进入承亿文旅，进行推广与展售。我承继戴先生创立承亿文旅品牌的初始理念"年轻人实践梦想的基地"，同时把他们的需求转变成我们的供给。台湾不乏很棒的文化创意，只缺被看得到的场所，要不就让承亿文旅成为这样一个平台吧。

于是，每一季与每一间分馆，都有台湾许多新锐文创品牌争相进驻，要我们为其策划与宣传。如此一来，来访旅客在大厅休憩时，能很容易触及这些文创品牌的创意商品，玩赏并选购。当年受邀展出的品牌五花八门，有本地沐浴品牌、台湾小农茶品牌、木制文创小物工艺品牌、手绘明信片等，连台湾本地手工冰激凌品牌都有，当时就把整个卧式冰箱横摆在大厅。

承亿文旅免费提供场地，仅从这些文创品牌的销售营收里酌收些许场地维护费。在这个过程中，他们的能见度提高了，也丰富、增益了承亿旅客的休憩体验，可说是一举两得。

于是，以后每次策展，都再一次深化承亿文旅的品牌内容，使其变得越来越扎实。

♭♭

有一次，戴先生在会议上的一句话，差点没把我逼入死角。他非常潇洒地说："我们要让音乐走入承亿文旅。"

我呆望着他，心里忍不住吐槽："那么，音乐是长了脚吗？"

当年，在没有多余预算的情况下，要怎么实现让音乐走入承亿文旅？怪才如我，又想出了奇招。一般来说，旅店业常播放的是公共空间音乐，得先从公播系统业者手中取得授权。这些公共音乐不是听起来很空灵的水晶音乐，就是既煽情又普通的萨克斯风爵士乐，千篇一律，令人意兴阑珊。

我知道台湾有很多出色的独立音乐公司，拥有很好的音乐品位，除了代理，本身也有独立制作。当年，我找上了台湾知名的独立音乐公司"小白兔唱片"，谈妥合作模式，从小白兔唱片所发行的作品中选辑、取得授权后便公开播放。同时，承亿文旅提供免费住宿券，小白兔唱片的歌手们在全台湾巡回演出时，便能免费入住承亿文旅，就这样完美达成双赢。

后来，各个分馆都开始播放非常时髦与舒服的台湾原创音乐，每当我前往分馆公干，坐在大厅听着自己精选的音乐，心底总浮现出一股无上的满足感。

　　然而，这样似乎还不够，我又突发奇想，想在旅店内举办不插电演唱会，却苦于预算不足以及"要找谁来唱"。后来，我辗转联系了台湾非常出色的独立唱片制作公司"风和日丽"，非常巧合，该唱片公司正好在筹备"小屋唱游"的计划，其创意是邀请歌手巡回走唱台湾特色咖啡店，我灵机一动，何不请其也来设计旅店唱游几场呢？同样地，承亿文旅也提出住宿赞助，于是顺利促成了那次非常美好的合作。

　　那年，"风和日丽"一连在承亿文旅举办了好几场巡回演出，我印象最深刻的，是当年被安排前往淡水吹风唱游的独立乐团光引擎。当晚工作团队安静地将设备安排好，一切就位，女主唱美妙温暖的歌声，在淡水吹风大厅扬起。

　　陆陆续续，来往经过的旅客驻足，在沙发区坐下，而淡水吹风附近的社区住户听见歌声，遛狗的年轻情侣、学生，也都被吸引至门口驻足聆听。见状，我立刻站起身走到门外，邀请他们入座。不一会儿，小小的大厅热闹地挤满听歌的群众，人们沉醉在歌声里。我低调地站在一旁的角落，环视着所有人，想来自己的工作，能带给人如此温暖的感受，真是人间至福。

ьь

　　而在系统性的品牌与营销活动之外，对于实验性的创意合作，我总是不厌其烦，并乐于尝试。其中的代表作品就是和知名品牌

"PORTER"联名合作的品牌客房。

当年我创想的这个合作非常有趣，很感谢 PORTER 愿意支持承亿文旅如此无厘头的创意。我们花了些许预算，将台中鸟日子的一间客房，以 PORTER 品牌元素重新布置装修一番，小到连一个马克杯或摆饰，也标上了 PORTER 元素，连客房内也有 PORTER 当季新款的背包、提袋供旅客体验。最后，就成了非常时髦的 PORTER 品牌客房。

总之，这是一次非常具有实验性质的品牌跨界合作，当时吸引台湾许多媒体争相报道，为双方品牌知名度赚到不少曝光度，也让一向爱用 PORTER 的广大年轻顾客群，一并认识了承亿文旅。该活动为期一季，天天都有人入住体验，而这间客房每卖出一次，就会从客房收入中提取固定比例，捐赠给嘉义慈善机构，成为此项活动完美温馨的收尾。

有了这次经验后，品牌开发团队成员们又突发奇想：能不能让旅客个性化自己的客房？听来好像也有点新奇。如果能将体验从线下整合到线上，似乎更能完整呈现承亿文旅的品牌体验，而且重点是，这件事还没有人做过。

没多久，大伙即开始热血实践"自己的客房自己设计"这个疯狂念头。我们也在这次的计划中，再次与台湾数十家文创品牌业者合作，并采购其文创商品，作为旅客布置的多种选项。有整套漫画、各式桌游、抱枕、洗浴用品、伴手礼，甚至连肩颈按摩器都有，可说琳琅满目。旅客只要在线完成客房设定、付费完成订房后，入住日打开门一看，就是自己所设计的定制化客房。

这个计划一推出，立即吸引了媒体大肆报道，也涌入许多想体验尝鲜的旅客，成效斐然。这种梦想成真的感觉，还真是蛮痛快的。当年台湾各类旅店业所没想到的、感觉似乎做不到的、看似不可能的，我们全都做到了。

后来，陆续出现很多同业竞相模仿，我也只是淡然地瞄了几眼，就去继续忙着想下一个创意了。

那几年，在我们做创意做口碑后，承亿文旅对一个"内容开发平台"的自我期许，名声与底蕴，臻至此刻，总算有所收获。

你以为到这里就结束了吗？不，当年我像是发了狂似的不断地在为品牌寻找可能性，接着建构、增益，像是持续在替承亿文旅添柴火一样，就是要让它不断发光发热。

99

孤独力高级修炼（十）

第一步：无论在生活中或职场里，面对问题或挑战，别一开始就掉入眼前窠臼，首先你该进行的是分析。将惯常以为理解的现象倒过来看、翻过来看，透着阳光看、泡在水里看，试着用不同的视角解读，绝对会找到更多可能性，这会协助你顺利绕过困扰，找到解决契机。

第二步：分析之后，在想每一种合作关系时，都像堆积木一样，碰一碰、敲一敲、叠一叠，多方碰撞尝试，而不必局限于你总是能想到的，或是别人已经做过的。

第三步：不做发明，只做创新。尽力找出能激发价值的关键点，只要一触发便能星火燎原，远比你闭门造车来得更有效率。

一段好的职场人脉关系，

最好的状态应是，

各自于职场中不断地淬炼，

当双方的高度能互有匹配之时，

所有好的关系自会来到身边。

在这样的关系缔结之前，

我们唯有孤独地努力发光。

你与职场并非上下级关系，

而是比肩并行，

如果你认为当下的一切还有努力的价值，

想想如何能再次提供公司何种协助，

这是在帮自己一把。

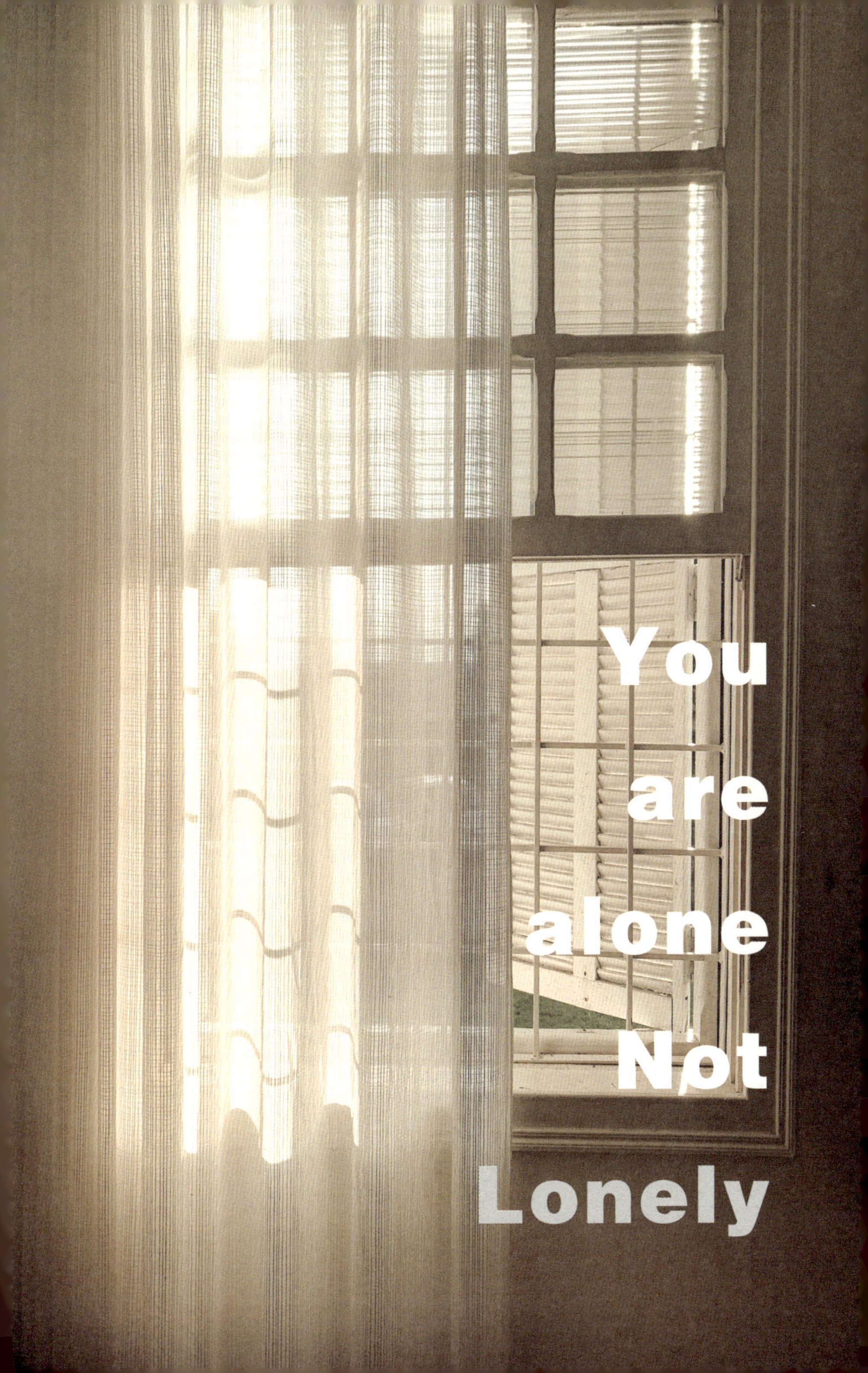
You
are
alone
Not
Lonely

孤独是好事，

人本来就应该和自己在一起，

而不是跟一群无聊的

或者话不投机的人鬼混。

性格外向的人容易得到很多朋友，
但真朋友总是很少的；
喜欢孤独的人一旦获得朋友，
往往是真的。

11 | 合作

别只想着怎么让自己获利，要想着如何双赢

66

经济学常言"资源有限，欲望无穷"，我稍微改了一下，"资源有限，整合无穷"。

当年想通这个关键点后，顿时豁然开朗。我深刻体会到，不循常规走出来的路，通常都十分鲜明。而当时没多少人知道我为什么要这么做，那些不被理解的、觉得奇怪的，在我离开之后，都明白了。

写作本书时，我一直想表述如何秉持孤独，如何在职场上发挥作用。作为职场上孤独的修炼者，"孤独"语义想表达的是不抱团取暖、不走常规路径。

所以，所有疯狂事物产生的背后，其实皆有着自身最深刻的思考，没有前例可循，又得冒着失败的风险，实在是吃力不讨好，因为无法被理解，所以才孤独，而这是一种自愿的选择。

文创，说到底还是得奠基在商业行为之上，这是一门生意，还是有一本账要算。如何让投入与产出之间，成本效益极大化？这件事，始终是我所有思考的原点。

我深刻认识到，品牌负责人从不是假扮嘴上说说、衣着光鲜的专家，不是画画图表、指指点点，光写些高深精妙的专业文字就够了，当被问到下一步该怎么做时，一开口就是要一大笔营销预算，若没钱，这些计划就做不成，那跟讨债鬼有什么两样？

就我的观点而言，先理解目标在哪儿，再回过头盘点手上有多少资源，而如何在过程中让价值发挥到最大，"创意"是最棒的催化剂。

事后我常回想，当年在没太多预算的情况下，都能做得如此轰轰烈烈，如果有了预算，那还得了？

所以，"创意"真是我当年最有价值的资产，有了创意，再加上充满互惠感的出发点，无论再怎么难以想象的合作提案，对方竟都能被我打动并欣然首肯，有时也觉得挺不可思议。

bb

后来，承亿文旅的联名合作，带着商业价值含量，铺天盖地般渗透进全台湾各行各业当中。

"怎么到处都看得到你们的品牌啊？"那段时间，我常被亲朋好友这么问。然而，我一时半刻也答不上来，只能调皮地回应："欢迎来找我开房间呀！"

该从哪一个部分说起呢？长期以来，我观察台湾的旅店业生态，几乎无一例外，皆与外部订房平台产生了一种不得不如此的依存关系，如果不往大型订房平台靠拢，几乎无法获得较稳定的订单，更无法扩大营收。于是，当年的我一直思考更多可能性，想绕过这类以价格竞争为主的订房平台，避开被索取高额佣金，转变成一种以品牌价值的姿态，与目标顾客沟通、交易的存在。

而对其他行业的合作方而言，则能以整合、互惠、双方无痛的方式产生加乘效应。

有鉴于此，我先从小范围合作开始尝试，首先与台湾零售品牌合作，以广告交换的形式，拿着住宿券与其他品牌进行商品交换。通常一定数量的住宿券，在双方合意下，能换到等价等值的合作商品数十份，甚至上百份。

然后，再将得来的产品，用于活动商品策划，推出创意住房产品方案。而品牌联名活动的信息，可在双方官网与社区平台扩散，促成了跨产业创意合作；合作品牌也能以承亿文旅的住宿券，在社区平台上与品牌顾客互动，也等于将承亿文旅介绍出去了。

那几年，我合作过的品牌几乎无所不包：零食、啤酒、香水、保健品、药妆、文创小物等，通过联名宣传，双方的品牌都得益了。

那几年，我只要开车在路上或逛着超市，看到"这个好像也可以合作"的品牌，就会记在脑海里，回头就赶紧积极接触。

小规模合作显出成效后，我又突发奇想，合作深度如果能渗透到对方会员或渠道体系中，品牌推广的效果应该会更好。于是，我又着手新一波品牌合作策略。在双方推出新一季商品或新活动策划时，共同设计折扣券或体验券，然后，在合作方的渠道进行发放扩散，或给予联名合作的会员专属优惠，达成双方会员相互圈黏及流通的效果。

当年承亿合作过的品牌不计其数，因此那段时间，我们争取到相当大量的品牌扩散与触及机会，同时也带来了住房营收提升，可谓一举两得。

在这之后的某日，我半夜睡不着，独自溜到住处附近的超市买关东煮。坐在超市窗边座位旁，无聊地看着刚才消费获得的积分点数，忽然，我又将脑筋动到"货币体系"念头上。

市面上这么多品牌，都推出积点换购活动，兑换商品琳琅满目但又千篇一律，渐渐失去新鲜感了。"要不，让承亿文旅帮忙大家把这些点数消耗掉吧。"于是，我们又创下旅店业先例，与全联、HAPPYGO、诚品等大型知名零售品牌合作，凭着会员点数折换的代金券，再稍微加些价，就能换取入住承亿文旅的资格。活动一推出，瞬间又引发热烈的换购热潮。

不仅如此，承亿文旅也首度在旅游产业体系进行向上整合，与旅游体验品牌"KKDAY"合作，消费者购买"KKDAY"规划的套装体验行程，行程内绑定承亿文旅的住宿产品，再配合高铁联票套装方案：玩、住、行体验，一站式全包，产业整合而产生的综合效果，也是台湾首例。

而在这之后，承亿文旅也将跨界合作的触角伸进了电影圈。与多部热门电影合作，邀请导演前往旅店做讲座分享。上映期间，更同步推出"凭票根入住可享住房折扣"的创意营销。各种不按牌理出牌的奇招，总让同业瞠目结舌。

就这样，由内而外，我在创新之路上努力好几年，终于获得品牌美誉，也助益了营收。但坦白来说，旅店的营利模式，仍无法完全从传统业务体系的窠臼中扭转。不过，通过持续的创新，品牌已展现了业内前所未见的极强的差异化，并确实获得了出色业绩。

说实话，这种所谓整合策略，其实都像借东风般，实在有点狡猾。而在承亿文旅慢慢闯出名堂后，也开始有许多新创文创品牌上门拜访，希望合作。怀着一种报恩心态，我也总是用最开放的态度，尽我所能成全对方。

66

由于承亿文旅的总公司在嘉义，不知为何，我内心一直想方设法，极力想把自家品牌带进主流社会，获得广泛性的公众认可。然而，到了后期，我开始反问自己：我心目中所谓的主流是什么？在哪里？要怎么带？为何非要获得主流认同才有价值？

在承亿文旅渐渐被各界认可时，我才深切体悟到，当自身成为趋势时，那就是主流。一心孤独、只身独行，最后，你就会看见一片专属于你的独家美景。

99

孤独力高级修炼（十一）

第一步：所有的创意生成时，请先克制见猎心喜的想法。创意如果不能通过策略确实落地，终将缺乏商业价值，毫无意义。所以，自我击破是重要的。长期持续锻炼，你将反射性地避开刻板误区与思考窠臼，让思考越来越成熟，产生节奏与效率。为每场策略思考找方法，便能更快产出绩效。

第二步：整合的基础必须先以双方互惠为前提，先换位思考对方的需求，是否能与自身的不足互补，再产生合作行为，别忘了我常提到的，留给对方最多的空间。

第三步：别害怕与别人不同，也别害怕尝试。那些孤独的总和，都将以不同的面貌成就你，我就是你眼前最好的例子。

12 | 计较

把公司当作自己开的，
那还有什么好计较的

ЬЬ

投入职场多年，无论身边人、事、物的场景如何转换，我的头脑始终保持冷静清醒的状态。虽然全力投入职场，但思想上却是以一种极为自我的体系与方式在运作，从未被外在职场环境所影响。

然而，一旦在这个职场，找到值得努力的价值，就会从中发展出非常浓厚的归属感，以及渗入血脉般的责任感。之后，我会开始毫无保留并不计代价，给它所想要的、支持它所需要的，倾尽心力。

说来也有趣，在意识上，我会把公司当作自己开的；既然是自己开的，无论做什么都是为了自己，还有什么好计较的？

ЬЬ

对照当代另一派对立面的职场说法："你没领这么多薪水，何须替老板担心这么多？"或是"你不计较工作多寡，就会被人欺负，所有的难事都会往你这里丢，所以别软弱，要做一个聪明的职场人。"

还有的人，会积极鼓吹员工们仇视资方，始终怀着一种激进心情抨击职场、斤斤计较，直到灰心丧气，最后不明不白地过完人生。

而作为一个孤独的职场修炼者，其实，我们只需要想得直率单纯：多学习一些、多积累一些经验，难保以后不会用得上，多为将来累积一些职业资本，有益无害，就这么简单。

都来走这一遭了，总要做些付出、拿些东西（经历或阅历）走吧？如果老是把时间花在计较或抱怨上，那人生该多无趣，对谁都没好处。

而我，至今仍在职场上持续历练，也随着年资逐渐提升年薪，就像是做股票或债券投资般，得到了合理且还算满意的报酬，也将每一段职场经历，都确实深刻地体验过了。所以，我一再想通过本书，启发读者们学着用自己的方式去理解职场。

职场从没有什么定向、固化、刻板的诠释方式，它是什么样子，源自你把它想成什么样子。没有谁比谁聪明，也没有谁的方法绝对正确或绝对错误，一切关键都在于你触发了什么、让什么开始运作并发挥作用。

作为一个职场里孤独的修炼者，你要问我孤独带给我最大的收获是什么？那就是开放、淡定、放空自我，更重要的是耐心。

ьь

当时，承亿文旅的品牌，在那几年的努力下，已达到某种理想的巅峰状态。我以为，之后的工作状态就会进入稳定恒长，再不起任何波澜与惊奇。

然而某日，公司忽然又作出重大决定，集团将延伸另一个青年旅店的新副品牌，主要对象为背包客与年轻族群。换句话说，我又得开始进入新一波的品牌筹备事务。

因为只要与品牌有关的事，都得由品牌开发处负责。而当我把消息带回部门内，伙伴们虽然一阵哀号，却怀着"啊，又要开始忙碌了，但这似乎有点有趣"的心情，欣然接下这份工作。

很快地，大家又动了起来。而当年，也因为有了承亿文旅的品牌成功经验，要再塑造一个新旅店品牌对我而言，简直是驾轻就熟。然而，在策划青年旅店品牌之前，我从未接触过背包客群，也没住过青年旅店。

灵机一动，我决定先组织一个焦点访谈，了解这些背包客脑袋里在想什么。

于是，我找来一群有多年资深背包客经验的受访者。过去在行销顾问公司的经验，竟在多年后派上了用场，终能感受到，人生还真没有派不上用场的经历。做完焦点访谈后，我们得到了相当丰富的资料，对于背包客的消费模式，终于有了基本轮廓。

为了配合赶工装修的进度，承亿轻旅的筹备节奏多管齐下，扎实、高效、密集。大团队合作无间地忙碌不到一年后，挟着承亿文旅的品牌气势，轻旅品牌旋即顺利风光开业，还一口气开了两家分馆。一开业，立即受到各方消费公众的关注，加上源源不绝的媒体宣传助力，所有成果都反映在持续走高的住房率上；年轻、独立、共享，有力量的旅行品牌精神，也迅速虏获年轻消费受众的心。

而我仍一如往常地、低调地担任背后推手的角色，总在最热闹的时刻，有一个孤独如常的身影，伴着每一天的日出日落，进出办公室。在面对每个值得欣喜的时刻，如同站在远处仰望着夜空灿烂迸发的烟花，就能感觉到心满意足。

ᏏᏏ

在承亿文旅工作的这段时光，好像总舍不得闲下来，不久后又有事找上我了。记得在某次每周二早晨的主管早餐汇报会上，戴女士笑得神秘兮兮。台式炒面加荷包蛋配一杯冰奶茶，是我每次早餐会上必吃的经典款，我每个星期都很期待这个时刻，所有人一边吃早餐一边热烈地闲聊。

"那个，让我说一下啦。"这是戴女士每次发言时的开场白，所有人忽然安静下来。

"我想开一间书店。"戴女士只说了这么一句。语毕，我才吃进嘴里的荷包蛋差点掉出来，那种颤抖程度，简直直逼轻微中风。

不为什么，就因为这件事分明是说给我听的。在众人一阵惊呼声中，戴女士娓娓道来。原来，嘉义市有一间历史悠久的老牌书店——读书人文化广场，因禁不起时代潮流变迁与消费习惯改变，在历经几十年后，即将结束营业。此举，是为了保留并延续老嘉义人的集体记忆，更重要的，她想挽救一间属于当地人的独立书店。

戴女士的信念，感动了在场的每一个人。我更感念于当年我处于低谷时，她及时一把拉起我的恩情，我明白自己没有拒绝协助的理由。不久后，书店品牌筹备的专项工作就开始推动了。

毫无书店品牌打造经验的我，随着每一次筹备会议，以及陆续有书店营运经验的伙伴加入，我逐渐理解书店的筹备与营运样貌。

同时，我也回过头研究读书人文化广场当年营运衰退的症结。简单来说，就是单一的卖书营收无法支撑整体营运成本。于是，在营运团队充分讨论后，我们决定以复合式经营作为商业模式。除了贩售书籍之外，更引进台湾文创、餐饮品牌进驻，成为讲堂聚会场所。而这当中的品牌体系建构、文创品牌合作遴选与营销公关宣传，依旧由品

牌开发处负责。我们极力保留嘉义的亲切质朴作为品牌基调，希望让
走入书店这件事，再次成为嘉义人的生活日常。

最后，再一次地在大团队的共同努力下，"承亿小镇慢读"就这样
被催生出来。后来更多的公众赞誉与嘉义市民的好评，都像是因为有
了承亿文旅，一路而来的水到渠成，而我们的品牌也一直走在正确的
道路上。

记得当年，有时因为工作晚了或应酬结束，我偶尔会开车送戴女
士返家。短短的夜间路途，也许谈谈公事，或聊聊承亿文旅一路走来，
从草创的混乱迈向稳定，直到越来越壮大、越来越为人所知的过程。

我永远记得那晚，戴女士笑眯眯地说："Kris，我们都是在创造历史
的人耶。"

在这段"什么都做"的过程中，我一再被交付各种任务与挑战，
纵使有过疲倦、失意或灰心，但从不构成我放弃的理由。

只要承亿文旅需要我，我就竭尽所能地去做。不为什么缥缈崇高
的理想，只因我认为，这就是我应该做的。

99

孤独力高级修炼（十二）

第一步：让意识在主体与客体、主动与被动之间换位思考。或者试着这样想：
　　　　"我做这份工作不光是为了领薪水，更是凭借着自身专业，帮助企业
　　　　成长。"一旦思维有了借位，自然能取得主导思想，主动发现自己在
　　　　企业中的角色，以及如何发挥个人价值。

第二步：除了开放、淡定、放空自我，更重要的是耐心。让心性稳定不躁进，使
　　　　每件事渐渐成熟。过程中努力不懈，这些付出必会为你换来职场上的
　　　　提升。

第三步：职场的养成，终究需通过一而再再而三的过程，来夯实你的职业精进
　　　　能力。你必得一再经历、一再累积，直到拥有职场存在感。别白来职
　　　　场这一遭，就大胆全力以赴去历练吧，就像从不曾害怕失去那样。

13 | 被动

无法预知的糟糕局面，放手还是放手一搏

bb

身在职场，多数人乐于安坐小公室，每日上班下班，指望着老板准时发薪水，没事不开心还碎嘴抱怨两句，就像是一种自然而然的依存关系。然而，你永远不会知道，现状将如何突然被改变、场面何时会失控、何时会风云突变。

这些，总在你最意想不到的时刻来临，从来由不得你好整以暇，安坐迎接。这就是职场无常、疯狂、恐怖之处，你永远无法预测，接下来有什么在等着你。

多数人自小就被教育成为一名风险规避者，害怕涉险，惧于经历没把握的事。于是，我们缺乏经历，对于职场风险几乎没有抵御能力，就像是从没生过病的人，缺乏抗体，一旦病毒来袭，至多顽强抵抗，最后仍轻易沦陷、由其噬灭。

作为一个职场中孤独的修炼者，终其一生，我致力成为能相对主导自己命运的职场人，去留由我。取得自主权，便能力抗职场惯性，化被动为主动，因为我痛恨坐以待毙，宁可选择奋起冒险。

无论是职场或人生，存乎一心系于无常，就算身不由己，也要力挽狂澜，直至问心无愧。然而，有些身不由己，它将会带给你一段意料之外的人生经验，福祸未知，而你将如何选择？

bb

这件事是这样的，简单来说，就是某天我一觉醒来，突然从员工的身份"被变成"要发薪水的资方。这已经不是孤独不孤独的问题了，事后回想起来，总令人浑身战栗，当时的我似乎没一刻放松过自己。

那些年，承亿文旅扩张的脚步从没停下来，除了继续拓展新馆之外，也成立了年轻的副牌"承亿轻旅"与独立书店品牌"承亿小镇慢读"，这些项目都与我有关，每一日我都负重前行。

而就在某个忙碌的早晨，戴先生打了一通电话喊我上楼。"最近很久没接到他的电话了。"我心里这么想着。戴先生的办公室里还有戴女士、财务长与其他同事，众人都已坐定，像是已做好什么决定，而我不过是被告知的一方。

戴先生说："Kris，我希望你的品牌发展处独立出来，成为一个利润中心，除了服务集团内的各品牌之外，也能向外发展，自负盈亏。"语毕，我愣了一下。戴女士又补充："就是要让品牌发展处成为一个独立的公司，能向外接案子，有盈利能力，你来当总经理。"

啊！我被单方告知，要变成新公司的总经理了？面对这突如其来的状况，我的大脑一片空白，显得有点犹豫。

此时，戴先生又耐不住性子："不是啦，Kris，做这个决定，你可不可以啦？我们成立新公司，支持你创业。"

"问题是，现阶段我没有打算要创业啊！"我心里犯嘀咕。眼前这么多双眼睛看着我，我怎么总是被人赶鸭子上架呢？

跟随戴先生工作多年，我很明白他的心思，一切都是出于好的出发点，他希望工作伙伴能更有发挥、更能独当一面。但在那个时刻，无论接受或拒绝，我都感觉进退维谷。于是，没有太多纠结（因为都是多余的），我答应了这项协议。

"那就这样说定，我们在场几个人各投一些钱进来做资本，推派你做总经理，Kris，你自己也投一些（资金）吧。"就这样，我回到办公室，然后就这样"被创业"了，品牌发展处维持原班人马，换汤不换药地摇身一变，成了一家设计公司。

几天后，财务长来跟我说明薪资归属与拨付的细节，集团只给我部分的薪资预算，我试算过后，嗯，大部分不足以涵盖现阶段整个部门的薪资。换言之，其余不足之处，我必须想办法向外挣。

就这样，我从员工被变成资方，部门里的人开始指望我给大家发薪水；我冠上了堂堂总经理头衔，也拿出了一笔钱投入其中。"被成立"新公司的那一刻起，开启了我某种最深层的焦虑，尽管新公司名字叫"找乐子"，内心却感到水深火热。

ᑲᑲ

后来的剧情发展是，我并没有戏剧化地将公司经营得有声有色，更没有财源滚滚。事实上，我发现我根本无法将所有事情兼顾好，一方面要做好集团内部服务，另一方面又要赚钱养活一个十多人的公司，每个月要发数十万薪水。

我只好再请一位业务，但这又要多发一个人的薪水。然而在嘉义，能出得起高预算做设计的公司根本不多，导致每个月营收只有几万元，根本入不敷出。

每天早晨睁开眼，我都陷入一种无休无止的超大型焦虑中，想着怎么才能挣更多钱。"哪有出来工作还倒赔钱的？这没道理啊！"半年多之后，这一天终于到来，财务面有难色地来跟我说：户头里没钱了，下个月薪水可能发不出来。

换句话说，公司资本金已快赔光，连我自己投入的钱也全赔了进去。

最后不得已，我硬着头皮去找戴先生。被批评一阵后，我跟戴先生借到了一笔钱，连开了好几张支票，终于得以纾困一段时间，并约定逐月偿还借款。戴先生没算我利息，我是真心感谢他。

坦白地讲，事情发展至此，我从来没指望戴先生会因为内部创业，就一笔勾销此亏损，或是对我法外施恩，我也不想被同情，只是想尽办法顽强抵抗，虽然我根本毫无具体对策。

关于这些经营与资金的压力，我从没让团队里任何人知道，如常地进出办公室，音乐开得大声，喝咖啡、吃零食、与大家说说笑笑，若无其事。

那段时间，下班后大家走光了，我一个人在办公室，常呆望报表想着："啊，钱要从哪里来？"

戴先生当年白手起家时，是不是也经历过这种痛苦找钱的时光？那一瞬间，我清晰地意识到，除了我自己，全公司没人能帮我。在某种关键时刻，所有人都像站在高处，面无表情地俯视着临渊而立的我。

说到底，这是我自己的选择，我从没有后悔，就好像人生注定必须经历这些似的，我决定继续前进。

66

某天下午，业务很兴奋地跑进我办公室，表示有一个数百万元的地方营销推广标案，评估后，拿下的机会很高。经过讨论与试算，如果这个案子顺利接下并完成，赚进来的钱足以清偿公司大部分债务。

于是，我内心默默决定，这就是止损点了，干完这一单，就把公司解散。这回，就先放手一搏吧。

几周后，经过一番激烈竞标争取，我们奇迹般地拿下了标案，但要如何通过每项考核指标并顺利结案，又是另一项考验。对方的要求是：希望以这个观光推广活动为主轴，利用很少的预算，就能吃喝玩乐游，同时，又希望这次活动，能在网上产生话题热点与流量。

几次会议后，我的年轻团队异想天开，决定打破传统的地方观光营销模式，改找台湾最大的在线直播媒体平台合作。首先遴选出 5 位清新美丽的人气主播，再规划 5 条旅游精选观光路线，分别使用不同的交通工具，将文创小旅行体验，由主播无时差直播。同时活动再搭配各项网络社区抽奖。

在活动过程中，团队中的每个人都充分展现出专业本能，我更亲自带领着大家，包含创意策划、视觉设计、媒体公关、广告片拍摄等，异常辛苦，所有人各司其职，毫无怨言，一次又一次解决过程中发生的各种问题。

可能是活动创意真的太有趣，记者会当天，吸引了众多地方平面与电子媒体，将现场挤得水泄不通。据说，创下了当地举办记者会到场媒体数量最多的一次。除此之外，还有女主播的宅男粉丝们闻风而至，场面热闹非凡。女主播亲切开心地与现场媒体及来宾互动。我安静地站在角落，望着大家疲惫却还笑着的脸，心底涌上许多歉意与谢意。

后续的营销活动也是风生水起，不但在网络上掀起热议，各类媒体曝光数量也非常高。计划书中要求的各项流量指标，终于逐步过关，忙了几个月，顺利结案。送出结案报告书的那一刻，所有人都松了一口气。

活动结束后，我向戴先生提出清算、解散公司的要求。虽然大部分的亏损都已顺利抵销，但仍有些许不足，于是，股东依照各自投资比例认损，包括我也蚀了些许本金，尽力到最后一刻，找乐子公司关门大吉。

这应算是我人生中首次失败的创业经验，而"被历练过"的这些，都成了我最宝贵的资产，我终究没有辜负任何人，也没有辜负自己，都已尽力。

经营了一年多的找乐子公司结束后，大家在意识上又回到体制内，感觉仍然轻松，一切恢复平静如常。

当时的我独自坐在办公室，静静地听着外头众人如日常般嬉闹。那是一个下过雨的午后，空气清新潮湿。然而，至此还没人知道，我即将告别承亿文旅。

99

孤独力高级修炼（十三）

第一步：职场中，别害怕拥抱风险，就算未知，也不轻易抗拒。我们终究必须
　　　　通过一次又一次的经历，令自己成长与成熟，就算感到恐惧，也该若无
　　　　其事地接受。

第二步：别把希望寄托在别人身上，那其实是奢望。无论过程中能否获得帮助，
　　　　最终，自己答应的事，还是得负起责任，踏实地做好善后。

第三步：扛不住的时候，无论如何别走到全盘皆输那一步，试着想办法尽最大
　　　　努力，让自己可以全身而退。

14 | 同事

我们终将各自天涯，
在那之前请好好款待

ᴸᴸ

整本书读到这里，大家也许觉得奇怪，除了真人版分手擂台那场荒谬经历之外，我仅谈了主管对于个人职业生涯的影响（此为垂直关系），却鲜少提及同事与部属的互动（此为平行关系），这似乎违反典型职场励志书的套路。

也许我应该将焦点放在告诫各位，如何提防办公室小人的腹黑奸险，或温情引导你如何与同事好好相处，让你确信读完这本书，便能无往不利，而我也能以职场关系专家自居。

遗憾的是，我并不会教你如何成为职场中乐观开朗、人见人爱的万人迷。因为我认为，人在职场，并不是以成为这种代入感强烈的角色为目标，应该要有更深刻的思考。

曾在书上读过一个词"摆渡人"，说的是人们在漫长的生命过程中，某段时刻总会遇上因缘际会地走在一起的几个人，然后彼此搀扶着走了一段。那段路上给了彼此生活些许支持，但总有一天，下个岔路口还是得各自走各自的路。

告别时，没有遗憾，不需挂念，也不用感谢。

同事之间，终究是因工作而产生的依存关系。因此，在开始一段职场关系之前，不妨先内观与自省，这些人与事，终究与自己的人生有何关系？

我并不是鼓励大家忽略职场中所有共事的关系者，而是深刻理解，所谓职场关系，并非"大伙儿的职场关系"，应是"我与职场的关系"，要以一种相对性的立场看待。

修炼孤独不是要你自私，而是先用孤独"立正"自己、要求自己、规范自己，正视自身存在的意义，再求与周围的人和事产生关系往来。确立职场处世的中心思想后，再力求积极共事、真诚以待，其余的就看造化，反正时候到了，彼此终将分开，各自天涯。

因为看透了职场关系的本质，所以我常自觉与同事缘分淡薄。无论是当时或事后，我总是坦然地去送迎我生命中曾出现过的同事们。或许他们从来都觉得，我是一个性格有些孤僻或古怪的人：愿意付出、充满热情，但始终与人保持距离，隐约的疏远感总横陈在彼此之间。

是的，这都是我。作为一个孤独的修炼者，蓄意在分寸之间拿捏，仅限于工作中作出最大的努力，其余的都有所保留，只为了忠于做自己。而在这种与同事之间的平行关系里，我不介意别人怎么看我，只力求付出，努力不负人，评价也由人。

ЬЬ

话说当年再度接手品牌营销部门，私下有人盛传我再次接手之后，将会用最严厉的方式带领团队，确保旧事不再重演，团队成员无不感到畏惧。然而事实上，我只是出人意料淡定地再次确立工作职责与分工后，就继续带着大家前进。而经过几次正常人员调整，团队成员也逐渐稳定，慢慢地再没人知道，前期我曾经历过的那些痛苦与不堪，而我也未让过去绊住我，放下后，就继续前进。

团队里的年轻伙伴，来到嘉义工作与生活，多数离乡背井，工作努力负责，常是忙到昏天黑地，毫无怨言。面对这些年轻人的心意，我唯有好好带领、维护他们，助其发挥与成长，这都是我的责任。

但多数时候，我在表面上会刻意装出淡定甚至冷漠的模样。当年，如果听到年轻伙伴在言谈中透露喜欢什么歌手或明星，我会不动声色地想办法通过关系，要到签名或签名专辑，然后若无其事地送出，再看着他们开心的大呼小叫。

记得某个夏日午后，大伙上班上到昏昏沉沉，当时刚好与电影公司跨界合作，多拿到几张公关票。我便很幼稚地嚷着把电影票拿出来抽奖。大家一瞬间像活过来似的摩拳擦掌，抽完之后，我又恢复平时面无表情的酷样，叫大家回座位工作。

有时晚间加班结束，我们会架起投影仪，堆了满桌食物，窝在办公室看《驱魔人》之类的惊悚电影；也曾有伙伴到漫画店租了整套的伊藤润二的恐怖漫画，大家像小学生一样一册一册地轮着看；偶尔我开着车，载大家到超市买零食，采买结束后，众人就坐在外面喝可乐、吃牛肉卷与比萨，轻松地闲话家常。

而多数时候的我，总沉默地坐在一旁，望着大家聊得热络开心。

bb

职场上的我，仿佛总拙于用直率的方式表达真实情感。某日，人事来找我，表示公司发给我一笔万把块的奖金，要我签收。我望着在我的办公室里努力工作的年轻伙伴，没来由地念头一转，依照团队成员年资，默默将奖金做了分配，并请人事随当月薪资低调地发给大家，不用解释。

如果问我这么做有何动机或理由，我也说不上来。带团队过程中，我力求使每位伙伴安身立命、适才适所，并有所发挥。

那年，有个完全没有经验的柜台男孩，得知我的部门有个公关缺额，自告奋勇地毛遂自荐。我望着他热切的眼神，决定亲自带他，一步一步成为公关人才，帮着他实现他想要的目标。最终，他也没让我失望，做出了出色的业绩。

另一位有点自负，对文创很有想法的女孩，我也让她在集团内的书店品牌独当一面，独力完成了许多精彩的文创活动与相当有特色的文创市集活动。

另外，当年部门扩张增员，我挑中了一个男孩来面试。记得面试他的当天，是个下班时间。原本准备开始面试，但临时被戴女士喊上楼开会，我请他在办公室稍候。没想到会议时间拖得有点长，几个小时后，直到晚间接近9点我才回到办公室，我原以为他已离开，没想到，他竟就着会议桌的小灯，还坐在那个位置等待着。最后，我从数十位应征者中录用了他。

一年多后，在承亿轻旅的品牌成立之时，我决定让他独当一面。与公司讨论后，某个下午我告知了他这个决定，他显得十分错愕，像是被团队舍弃了一般，但他仍依照我的规划，去负责新品牌。由于他也有了新主管，为了不让事情变得复杂，我开始刻意与他疏远。

后来的日子，我私下里会关心他，但在公开场合与会议上，有时我会蓄意对他表现得尖锐。直到他终于不负众望，把新品牌带得充满活力，而我依旧只是站得远远地望着。

一年后的某个酒会，趁着场面混乱，他怯生生地来到我旁边，端着一杯酒："Kris……"他语落未尽，我笑着望向他，那一瞬间他满眼是泪，我用力揉了揉他的头，两个人干了自己手里的酒，什么话都没有再说。

　　还有个设计师女孩，养了一只名为喜八的猫；

　　有着极大反差，昵称是"楠梓徐若瑄"的工作狂女孩；

　　那个住在嘉义竹崎乡，高唱着李荣浩《不搭》的艺术家男孩；

　　住在斗六，插画画得极好的天分男孩；

　　还有在简历中写着"对，我就是鲑鱼返乡的那只鲑鱼"的女孩；

　　住在桃园，喜欢在设计中偷偷加入自己巧思的男孩；

　　住在台南有点胖但有点可爱，营销公关也很棒的女孩；

　　明明年纪轻轻却像宅男大叔、头脑很好的眼镜男孩；

　　还有后来加入，没能来得及好好照顾的设计师女孩；

　　以及在实习生时期就被我带过，如今仍在承亿文旅努力着的女孩；

　　最后还有其他与我共事过的男孩与女孩们……

　　希望后来的日子，你们都能过得很好，我们曾共事过，我知道我自己做得不够好，但很谢谢你们曾陪我走过一段，也度了彼此一段。

　　此刻开始，我们学习不逢迎谄媚，至情至性地在职场中开放与付出。

　　你终将发现，此处并没有这么多爱恨情仇、尔虞我诈，唯一重要的，是要做一个游刃有余的自己。那些所有给出去的宽容，终将以最轻盈的自由样貌返还于你。

　　而职场中的共事者，总有一天要分道扬镳，所以，请好好把握当下共事的时光，好好款待彼此，因为一旦分开，就是一辈子。

　　相互扶持，带着彼此到彼岸。互相成就，成为彼此的"摆渡人"。

99

孤独力高级修炼（十四）

第一步：孤独的修炼者，该在职场中的平行或垂直关系间定位。首先思考自身存在于职场的意义，绝不热衷沦为别人的配角，自己该主演的人生，无论孤独也好，寂寞也罢，都该踏实地完成。

第二步：拒绝成为别人口中标准化的职场人士。先有意识的建立规则，确立"自己与职场的关系"，并将之奉为恒长的职场圭臬与行事风格，执行到底，不偏不倚。

第三步：职场中就算做到了最大可能的开放、给他人更多的自由度，最终还是会有不被理解与不尽如人意的情况。此时，只求无愧于心，将之化成若无其事，放下后，继续往前方的人生迈进。不用多做解释，都交给日后的时间来说明吧。

15 | 告别

所有的开始，
其实都是在倒数计时

᠎᠎

在这世界上，每一天都有人加入职场，也有人告别职场；从报到的第一天起，它是个开始，实则又像是倒数。

然而，告别总是我们最不擅长却都需要好好练习的。而那种所谓"想要辞职"的状态或心情，究竟应该如何理解或定义它？

职场里的来去不足为奇。既然总会有离开的一天，所以真正需要学习的，从来不是告别本身，而是如何让自己在这段职场历程中，无论选择留下或是离开，都能别具意义，并成为生命中记忆最深刻的一部分。

职场所带给我们的最大价值，就是你最终能通过历练，逐渐理解并激活自己的无限潜能，这是你从家庭、朋友、恋人的相处中无法获得的。

作为一个孤独的修炼者，长久以来在职场的磨砺，从来不是为了任何一种伟大高尚的理由，我只是想让走过的每一步，都踏实且有意义，最终不负彼此，不虚此行。

66

如今竭力回想，不知为何，好像记不清到底是在什么时候真正动了辞职这个念头。

在承亿文旅的6年，经历了9家旅店、一家书店的开业，每一天大大小小多如牛毛的琐事，从未让我停下忙碌的脚步。这样的工作强度，如今回想起来，仍觉得不可思议，而那些年的自己，都已累到极致，仍一派若无其事地日复一日。

记得在前3年，每年的7天休假，都像是某种资本一般，被我一再加码投入在工作中，一天都没休过。很多看似无关紧要的事情，想到最后，总会归结到工作上："如果这件事情办成了，对公司应该很有帮助。"

我几近病态地一心一意想做得更多。

然而，该来的终究还是会到来。

在某酒会的宴会厅里，我忽然接到猎头的电话，便从喧闹的会场逃开，躲到无人的安静角落，饭店音乐在耳边隐约鼓噪着。

猎头告知我：北京的公司接受了我开出的年薪与任职条件，并催问我何时能起身前往任职。

心中千头万绪的我，好像终于来到这个时刻。原先规划辞职后，先回台中生活一阵，陪陪家人。但没想到最终协议的结果，是我离开承亿文旅后的第 5 天，就必须即刻动身，飞往北京就职。

开口之际，像是什么无形的契约被启动，我答应后，忽然脑袋一片空白。恍惚中，只听见猎头热切地说："那我马上回复对方。"旋即挂了电话。

酒会没完，我已待不下去，没有惊扰任何人，借口有事先离开了。跨出包厢门时，我还能听见里头疯狂玩闹的尖叫声，门关上的瞬间，像进入真空般，所有声音忽然消失。

当晚气温骤降，我独自在街上走着，空气潮湿而冰冷，抵达地铁站时，依旧人潮汹涌，我的心却好像空了。

♭♭

提出辞职没几天，消息很快便传遍公司，不敢置信也好，诸多揣测与猜忌也罢，然而，我始终没太在意那些闲言碎语。无论如何，我在承亿所剩下的时间不多了。

"我得加紧速度，再为承亿文旅做些事。"某日傍晚，我召集部门的伙伴，来到我的办公室，沉默一会儿后，向大家告知我的离意。那一刻，有人瞪大眼睛，有人沉默木然，有人流下眼泪。而我只是如常地叙述，无论未来公司安排谁接手我的职位，请大家务必在我离开后至年底，稳定地把年度计划内安排的事项继续完成，不因谁的去留而耽误公司发展。吩咐完之后，我就让大家回座位工作了。

我明白，所有人的心思，此刻都已发生变化了。我尽管有些离愁，也没敢表现出太多情绪，现在不是感伤的时候。

那些倒数的日子，每一天都像是与时间拔河，我的心终究还是放不下。

犹记直到离职当天，我还是像过去每天一样，依旧忙个不停，好像明天还会继续来上班。持续交接内部事项的同时，我花了好几天对曾经帮助过承亿文旅的外部合作方、亲近的媒体，逐一致电表达谢意。希望他们能在我离开之后，继续支持公司。每完成一件事，我就在待办事项清单中画去。

长久以来，孤独如我，总刻意拒绝展现太多温情，只怕自己一下子软弱，就决定安逸地依赖下去了。唯有自身怀揣的孤独才能撑着我，令我有以为继，无畏前行。

如果你问我：既然这么放不下，为什么还要走？其实走与不走，都不是理由。我只是感觉："啊，时间到了，好久了啊，已经够了吧，就离开吧。"

离开承亿的前一个夜晚，戴先生与几位同事，为我举办欢送晚宴。来到熟悉的餐厅包厢，这里曾承载过我无数个夜晚，别具意义。

同事别出心裁地在包厢门外，摆上两个非常俗艳的花篮。

过去，来到这个包厢时，我总是那个负责炒热气氛、搞笑喧闹的角色。向来习惯当配角的我，忽然变成宴会上的主角，今晚是第一次，也是最后一次。

我有些不习惯，甚至有些局促不安。于是，原本有很多想说的话，后来都选择了沉默。我微笑地逐一看着所有人的身影，在眼里流转。

上了几道菜后，戴女士手里拎着一瓶要价高昂的 1969 年份的玛歌红酒，笑眯眯地走进包厢。她说："这瓶年份与我年龄相同的红酒，原本想挑个特别的日子品尝，今晚就是最好的时刻。"说完，大伙惊呼之余，开心热烈地凑上去围观这瓶名酒。

这一晚，我没让自己喝醉，只见有人满脸通红，有人交头接耳，有人喋喋不休，我特别清醒地享受着这段在承亿的最后时光。公司对我而言，真是人生中既神奇又特别的一段旅程。我这样一个没有背景、从台中到嘉义生活的异乡人，何德何能竟受到戴先生与戴女士多年如此眷顾？

在这里工作了近 6 个年头，对我而言承亿文旅已不只是一份工作，我也把 6 年最宝贵的人生时光都奉送给这间公司。而当我把"品牌长"这个职位，随着员工卡慎之重之地交还给公司时，我感到相当满足与自豪，因为我终究没有辜负它。

那个早晨，像某个日常，我主动走进戴先生办公室，酝酿些许日子，彼此好像有些不愿意，但若有似无地还是得让这场对话到来。坐定后，两个人的对话场景，好像又回到 2012 年面试的那一天。

戴先生问我话没超过 10 分钟，甚至连我的简历都没仔细看，就决定录用我。我始终清楚记得，他问我的第一个问题："你这手表什么牌子？金光闪闪的。"

回想完这一幕之后，我终于开口表明辞意，彼此都像是了然于心，也没太多议论或拉扯。戴先生也一贯地轻松自若、近乎客套般地仅简单挽留我："Kris，你为什么要走啊？"

他仍旧是我熟悉的戴先生，始终桀骜不驯、充满野心、自信且意志强大，这可能也是我愿意追随他，为他服务近 2000 个日子的重要原因。

♭♭

离开嘉义的那天，是个周六早晨。行李陆续被搬上车，没有想象中多。想着要不要去吃碗鸡肉饭再离开，随即却又打消了念头。

站在住了近 6 年的租屋前，我给戴先生发了一则准备回台中的告别短信。我暂作等待，他很快回复，并祝我顺利。

我将手机收入口袋，上了车，发动引擎，打开音乐。那些日常风景开始随着车速，直往身后流失。这次，我真的要离开了。

车速越来越快，忍不住的眼泪，终于溃堤。

99

孤独力高级修炼（十五）

第一步：身在职场，那些来去都不足为奇。重要的是，我们如何让自己在这段
职场历程中，无论是留下或是离开，都有其意义与价值。

第二步：你眼中的职场是什么样子，它就会成为什么样子。如果我们总是轻视
它，那么终将获得廉价的对待；如果你待它如神圣，它也就会好好地
庄严待你。

第三步：离开时，好好地、妥妥地把该做的事逐一完善，不是为了别人，而
是为了自己，为了这份曾努力付出时日的工作，表达最后一次崇敬。

Part 4

孤勇之后，
世界尽在眼前

到了北京，我没有急着积极融入当地职场，

首先打开自动导航模式。

我所身处的公司，整个集团6000多人，

而来自台湾的只占不到百位。

此次的孤独力修炼，是成倍地扩增与急速放大。

你问我有没有害怕或恐惧过？答案是从来没有。

我就是用这一肉身，积极入世，一如往常的我。

01 ｜ 未知

只要还活着，
就什么都好说

ᑔᑔ

　　职场或人生中的每一天，总是有各种选择，争相挤到我们眼前。不选，日子也就这样继续过；选了，也许就会有不同去向。

　　人之所以会成为当下的自己，都不是一夕之间的改变。而是随着一次又一次的选择，日积月累地塑造，最终会将你带往该去的境地。

　　也许偶然，但更多的是必然。

　　人生其实很简单，就是"想要什么，就自己去挣"，简单明了。然而，面对恐惧，不用闪躲，也不必表态，就以一种"原来是这样啊"的状态淡然面对、对峙。没多久，它也就会自讨没趣地悻悻离开。接下来，你就可以继续前进。

　　我的建议是：不谈对错，无关乎好坏，自己要过的人生，还是得自己站出来做主。

我是迟缓且晚熟的，人到中年才首次离开台湾工作，并把整个生活圈移往更远的北方。与那些搭飞机就像搭高铁一样的年轻人相比，我的人生起步还真慢。但即便如此，它还是发生了，然后若无其事地引领我继续前进。

过去的辉煌，不言自明地都已成为过去。那些曾在职场中所经历的，都已内化成人格的一部分；那些事迹，都已不再有任何实质性的作用，只剩下"大概知道你做过些什么"的用途。

所以，别再紧抓不放。

66

"啊，好像有点烦，一切又要从头开始。"凌晨2点20分左右，车子载着我和两箱行李，途经长城，从京藏高速公路往延庆方向驶去。一路上，司机热切地与我聊天，频频向我劝烟。

我笑着摇头，他畅快地独自吞云吐雾，整路没停，一根接一根。他口中说的话，十句有八句快速而含糊，都是我听不懂的当地方言。车里不断播送的土味舞曲震耳欲聋，好像很能为他提神似的，他开得带劲，却听得我略微烦躁。

随着车子越来越驶向郊野，在看到最后一个标牌往"张家口"之后，已没有明确的标牌。凌晨3点半左右，终于顺利抵达园区，司机将我载到园区内酒店，为我卸下行李后便离开。

早先出发前，新公司的 HR 告诉我，我的公寓钥匙寄放在酒店柜台，到了之后前来领取即可，但如今柜台空无一人，大概是躲在后面小房间偷偷睡觉去了。我喊了几声，一个女孩睡得头发凌乱蓬松，妆容苍白，一脸不耐地走出来。我说明来意后，她往酒店柜台抽屉里胡乱翻找一下："啥也没有，没人交代。"说完，再次用不耐烦的眼神盯着我，像是要打发我似的。

问题是，这等深夜我能去哪里？

"要不，我今晚开一间客房休息，房费可以由我自己支付。"她摇摇头，示意今晚都已客满。"那可以让我窝在那边的沙发待一晚吗？明早我再请公司 HR 协助我解决住宿的问题。"我指着角落，她继续摇头。

就这样对峙了 5 分钟，女孩下意识地随意翻找抽屉："噢，在这儿。"一个信封袋上写着"张力中"，她交给我时，一脸若无其事。

好，下一个问题是，我不知道公寓在哪里。我又问了女孩，她遥指了一个远方："往那方向走 10 分钟就到。"入夜后的北方，温度骤降，路上漆黑寒冷。"你能带我去吗？"我央求她，她再次摇头，似乎已拒绝再为我提供任何服务了。而我也不想一直给人添麻烦，于是，拉着两大箱沉重的行李，独自往她比画的方向走去。

远方微弱的路灯灯光是唯一的指引，而我走向黑暗，就像是被一个黑洞吸入。

66

　　我不知道新公司 HR 是这样做事的，当她口口声声打包票说一切都安排妥当，我竟天真地全信了。但我也不怪她，也许，这样就是她认为的"安排好了"。

　　状况还没结束。我虽然顺利地摸黑走到小区门口，但一眼望去，小区幅员广大，大厦林立，路径错综复杂。早先取得的信封袋上还写着"十号楼一单元"，完全没有发挥指引作用，一旁的管理室更是空无一人。

　　我绝望地站在漆黑的路边，看着手机时间忖度："再过几个小时就要天亮了，到时候陆续会有人出门上班。不然，先看怎么撑到天亮再求援吧。"我站在路边，身体经过整日折腾，已感到相当疲惫。

　　忽然，不远处路灯下出现一个老人的身影，像是变魔术般凭空而出。我不假思索，拉着行李就朝他奔去。"请问十号楼一单元怎么去？"满脸皱纹的老人一开口，又是我听不懂的当地方言。他没等我再继续问，转身就往前走，走了一段后便回头看我一眼，像是示意我跟上，我急忙拉上行李跟随。

　　经过好几段蜿蜒曲折的小径，来到一栋大厦前，赫然一看，正是"十号楼一单元"。我开心地正准备回头向他道谢之际，那位老人竟然已消失在黑暗里，我东张西望遍寻不着。就当他是特地现身救我的土地公吧。

bb

离开酒店后折腾了一个多小时，此刻我终于再次进到室内。迅速洗完澡，稍加整理，时间已是凌晨五点，预计两个小时后天亮，HR 会来带我前往办公室，办理入职手续。5 天前，我人还在温暖的台湾嘉义小镇，5 天后，人已出现在北京近郊，靠近与河北交界的延庆区张山营镇，准备开始我的全新职场生涯。

独自躺在陌生而柔软的床上，一切的改变太过快速，都还没能好好感受。发了手机短信向家人报了平安，我很快地睡了过去。好像才一闭眼，瞬间就天亮了，满室阳光。几个小时前的阴郁，全都灰飞烟灭。空气清爽、干净且冷冽，外面阳光明媚，晴空万里。虽然还有些倦意，但精神不错，我像新生入学般，穿上整套西装，在约定地点终于与 HR 见上面。

"张总您好，昨晚深夜抵达很辛苦吧，这就带您到办公室。"望着她，我若无其事地微笑着，随着她走进办公大楼。映入眼帘的是一个开放型的大办公室，同时容纳了上百名员工。除了总裁级别的有个人办公室外，所有人都一视同仁地在这个开放式的办公处打拼。对话声嘈杂地此起彼落，除了普通话之外，来自五湖四海的人操着各自不同的口音，急促地交谈、忙进忙出。在他们之间，只有一个站在原地安静的我。

我任职的新公司，并不是一般人熟知的台商公司，而是一家标准的纯大陆投资的地产集团。集团的项目遍布各城市与海外，总员工人数近万人颇具规模。

我的工作从此刻起，便已与台湾毫无关系了，我也没有自己独立的办公室了。

忙了一上午办理好入职手续，HR 安排我与大主管，也就是事业群副总裁会面，这是一位女性经理人。早先在台湾时，已与她通过电话，所以不算生疏。她到过台湾，也喜欢台湾，听闻公司早期也聘过台籍干部，但当时我在办公室一个也没遇上。

我的头衔此刻起，也从"品牌长"换成"策划总监"。当时与猎头沟通的主要工作内容，是要协助企业进行文创营运体系的建立与推动。

然而，与副总裁谈完之后，奇怪的是工作内容好像又不是这样了。不仅是文创这块，我还必须担负集团从"传统地产"转型为"度假旅游地产"的商业模式，提出落地执行方案，包含住宿、餐饮、文创商业等营运模式整合与完成。

听完后我一愣，公司成千上万人，这样一个重要任务，怎会由一个刚入职的台湾人来处理？后来，也没有得到明确工作要求，反正，就先做着吧。

我好像又上了另一艘贼船，而且是更大型的那种航空母舰级。

bb

接下来几天，我陆续被安排拜会各事业群，以及未来在业务推动上有关联的主管，逐步厘清现状。简言之，公司随大环境政策改变，必须面临企业转型，但具体方向还在集思广益与摸索中，尚未聚焦。

而为什么不让公司现有的人来推动的原因，主要在于这批人都是传统地产营销思维，缺乏商业模式的创新意识，他们想找一个外部的人来负责，没想到竟跨海找到在台湾的我。

其实，我不太知道他们哪里来的灵感，认为我能胜任这项重大的工作。但对于这巨大的未知，我从未感到恐惧或无所适从，只是孤独地观察与守望着，凭借着连日来的多次对话与各种观察，我逐步梳理、核实，并重复印证出我想要看到的实况，找出发力点。

不仅是专业角色上的确认，同时，我也若无其事地着手定位我在这个职场中的位置，无论如何，我得先布局。

某个周五下午，我突然被通知参加一个大项目的开发会议。走进会议室时已是满座，与会人士都是各事业群的总裁与副总裁，来头都不小，我只得尽快找到一个边角座位坐下，再不找座位坐，待会儿就只能站着了。

会议开始，主持者是基金投顾事业群的一位老总。一开口，就是河南郑州方言，哗啦哗啦一长串，我瞪大双眼努力听，竟然没有一句听得懂。会议开始，所有人持续热烈讨论，而我听得懂的内容几乎不到一半，至此，我的三观完全被摧毁。原以为来北京工作，彼此都讲普通话，交流起来应该不是什么难事。

原来事情没这么简单，接下来的职场生活，我得先搞懂他们究竟在说什么。嗯，好像有点有趣了。

真实的我，面对接下来的更多未知，那种想探索与冒险的强烈意念，持续在我的血脉里热烈窜动。

坦白地说，此刻的我虽已届中年，但无论外表与心态，都始终保持着高昂的斗志，随时做好舍弃与重新开始的准备，因此本章的孤独力修炼课，再次回到"初级"阶段，象征重新开始的新境地。

99

孤独力初级修炼（一）

第一步：职场生涯中的每次改变与转换，无须视之为恐惧，而应视为崭新机会与可能的开始。同时，更要庆幸自身还能有所选择，还拥有改变人生的主导权。

第二步：面对所有未知时，在客观信息尚未搜集完全之前，无须立刻做主观判断。就让思绪持续被外在环境释放的信息洗涤，什么都不用多想，你只需缓一缓，再去逐一经历。

第三步：别老是害怕自己准备不够或一无所有。试着回想，你当年诞生在这个世界上时，不也是从一无所有、凭着一具肉身就开始了？你怎么就忘了当时你有多孤独，却也完好地生存至今，是吧？

02 | 勇气

身在职场，
不要以"做个好人"为目标

　　　　　　　　　　　　　bb

　　我先谈谈关于"台湾人同乡组织"这样的存在。

　　当我刚开始在北京工作时，因为辗转的人脉关系，总有些热心的职场友人穿针引线，想把我带进台湾人同乡组织，美其名曰为方便彼此互相照应，互通有无。

　　我不否定这样的组织有其存在的必要性，但就个人非常主观的想法而言，对于这种自以为集体行动、抱团取暖的存在，都让我从内心感到深深的厌恶。

　　一段好的职场人脉关系，最好的状态应是各自于职场中不断地淬炼，当双方的高度能互有匹配之时，所有好的关系自会来到身边。在这样的关系缔结之前，我们唯有孤独地努力发光。

bb

在这全新的北京职场中,我最意外的是两地之间的文化差异。尽管双方外貌相近,但在根本的思维上,却是南辕北辙。在北京职场的每一天都令我大开眼界,足够吸引我不断摄取、探索。

在北京职场中,常常在办公室里听到"领导"这两字,这里所谓的领导一词,望文生义指的就是"主管、上司"之意。

因此,我似乎又再一次感受到跨文化的职场差异。

入职两三个月后的某个夜晚,园区内的酒店宴会厅举办了一场饭局,设席两桌,邀请的都是公司的重要人物。时间未到,所有人都已出现在宴会厅,但没人敢入座,应是在等待老总的抵达。不久后老总到了,所有人皆鱼贯就座。

设席两桌的概念是"大主管桌"与"非主管桌"。原本我准备走向非主管桌,也就是总监们那桌。忽然,一个不知名的大主管喊住我:"你来坐这桌吧,老总喜欢跟台湾人聊天。"

眼看大主管桌只剩一把椅子,我准备就座之际,没想到电光火石间,一个迟来的别的部门不知名总监,就像综艺节目玩大风吹一样,竟一把将我推开,抢先一屁股坐下,一脸若无其事并带着窃喜。

一瞬间,所有人都望着我,因为全场只剩我一人站着。我冷静地望向"非主管桌",那里已经坐满了。那一刻,我成为全场焦点。有几人微笑着望向我，应该是抱着看好戏的心情。

在那个当下，我只是不慌不忙、毫无尴尬地喊了服务生："请帮我在这里加把椅子好吗？以及能否冒昧麻烦各位领导，一起挤一挤好吗？"众人听我这么说，很快地动起来，为我腾出一个空位。

等待的时间特别漫长，那服务生不知去哪儿搬椅子，一直不见人影。而我就安静地微笑着站在那位同事旁边，从她脑门看下去，能清楚感受到她如坐针毡。

椅子来了，我指定摆到她旁边，与她比邻而坐，坐定后，还亲切地与她点头示意。席间，她频频请我抽烟示好，我也十分随和地与之互动，仿佛刚才的尴尬都没发生过似的。

我安静低调地与其他主管轻松聊天，落落大方地回应他们对台湾近况的好奇、产业发展，以及我个人的背景经历等的询问。

席间互动良好，而我干练有礼、不卑不亢，没把他们当领导，大家都是职业经理人。宴会结束时，我通过一次次的事件，来积累我对北京职场的轮廓与想象。这其实也算不上什么收获，只是竟就这样又参与了一场职场真人秀。

ЬЬ

到了北京工作之后，较常使用的软件是微信，而微信有个功能名为"朋友圈"，大致上也是用来分享生活记事、当日心情或发发牢骚。

在我北京的微信朋友圈中，目前几乎有一半以上（甚至更多）都是同事。然而，我发现到一种集群且鲜明的有趣现象。多数人都在谈工作、加班，并毫无保留地展现"热爱工作"的情怀，仿佛人越是累、越是忙，就越要表现出快乐的样子。

然后，下方留言中就会受到许多人的赞美与追捧。而一旦要他们展现工作以外的生活面貌时，则是乏善可陈，拍摄的照片通常没什么美感也就罢了，他们发文中最常表达的情境是："快说我美！快说我棒！快称赞我！"

这等于在说："我发文就是为了获得别人称赞，而非单纯记录自己的生活或是自我取悦。"对我而言，这样的发文动机实在太不纯粹了。

相较于他们，我发的朋友圈大多是我烹饪的美食、看过的电影、读过的书、一些用手机录下的生活片段，都是无关紧要的琐事，甚至看起来有些荒废时光。

点赞数很少，原以为是同事们不感兴趣，神奇的是，我已在无数个私下场合碰上许多人对我说，"你煮的每一餐看起来都好好吃啊，好有仪式感"，"你读过好多书啊，看完你的读后感我也想去找来读了"，"你拍的照片都很有意境，你学过摄影吗"。

需要强调的是，我并非带着轻蔑的眼光看待这一切，相反地，我想通过这类文化差异，认真深刻地多理解一些。前文提及的那位抢我座位的同事，在那次之后，我也没对她产生任何负面的刻板印象，在后来的工作日常中彼此也多有互动。

通过了解我才发现，她是一位工作努力、认真、积极的现场主管，但很害怕被认为工作不努力、怕自己的付出没被看见，所以一遇到有老总在的场合，便会积极表现。

我总觉得：如果能对自己自信多一些，多理解自己与职场的关系，便能对职场多有掌握，更有余裕。

ьь

因为地域不同，加上文化差异，职场关系变得完全不同了。那么，进入新环境时，我们应该做什么样的思想准备？

答案其实很简单，不带偏见也尽量不被带偏，不带情绪也不必在意对方的情绪。直到亲身与每一个个体真实地有过交流或相处后，再得出你自己的判断。

你得把自己敞开，先让别人从工作的互动中充分理解你的职场性格，但并非毫无保留；此举同时是为了尽可能让所有人能从言行中了解你，你也能借此找出频率相近者。

实际上，他们所看到的，是你蓄意设计想给他们看到的。反之，你看到的，也是他们蓄意想给你看的。

所以，不用急，先各自演一会儿。等到能尽可能掌握职场所有关系人的真面目，对方是什么样的人一清二楚后，再慢慢确立应对关系与互动模式。

99

孤独力初级修炼（二）

第一步：接触新的人、事、物时，请务必摒弃过往的耳闻传言、刻板印象与成见。有些真正的价值与机会，是需要经历自身独到的理解之后，才会如沙金般被细细地淘取出来，且专属于你。

第二步：说到底，并没有所谓真正的文化差异，因为每个独立个体，原本就带有与生俱来的差异，包含自我价值观与养成，我们唯一要做的，就是让这些差异流入血脉中，无论好坏，都用全部的身心去感受、理解它。

第三步：越荒谬、越混乱、越无法理解，越让人受不了，才是价值的奥义所在。如果你面对的一切都井然有序、充满条理，你的机会在哪里？

03 | 异类

了解异类还不够，
我的目标是成为异类

bb

职场往往是残酷的，特别是当你自己浑然不觉，终日浑浑噩噩，存在得不知其所以然的时候。

我曾在其他同在北京工作的台湾人身上，观察到些许有趣的现象。他们为了求取认同，迅速融入当地环境，于是改变说话用语、说话音调，甚至整个人的气质与形态都彻头彻尾地本地化了。

然而，诚如前文所述，所有改变无关乎好坏对错，但我对此倒是有些不同的想法。当时公司跨海求才，肯定是现有的人无法满足其用人需求，或是他们出于某种专业上的特殊考虑，才会找上远在千里之外的我。说穿了，他们要的不就是我在台湾所历练的专业特质吗？如果我一就职就变得本地化，那便失去原汁原味了，不是吗？

不用说，我这完全是一种剑走偏锋、出奇制胜的心态。

66

不仅如此，我只以自己的生活准则行事，不为任何客观理由，活得极其主观。

例如，因工作场合所需，我会依照公司常业往来要求，以简体字版本提交方案，这是因为在工作上我不想给别人添麻烦。然而，在用通信软件时，我还是习惯用繁体字；你说我讲话有台湾腔，那我就继续讲台湾腔（因为我真学不来儿化音啊）。

那源自血脉里与生俱来的孤独，终究驱动我作出这样的选择。

然而，从不介意做一个异类的我，却意外地完全没感受到任何问题存在，工作不知不觉间竟也顺顺利利地做满两年了。

回到工作层面，话说经过一段时日后，虽还未能掌握全局，但已能抓到某种节奏与感觉。我原本的工作内容仅需负责文创产业规划即可，没想到与副总裁一晤后，竟衍生成要替集团内所有特色小镇，进行大规模的营运指导与规划，范畴遍布各省各城，内容繁杂、包罗万象。包括小镇顶层品牌定位设计、商业模式确立、营运、特色服务、定价与产品体系，再加上投资财务模型测算与营运损益测算，到最后，我根本要负责一站式的全盘服务。

幸运的是，过去所有的工作实务经验，竟奇迹般地全派上用场。

广告公司、营销顾问公司、餐饮集团、文创设计旅店集团的工作经验，像是集大成一般，为我助力所用。于是，我不厌其烦地一次又一次耐心地协助他们建立起体系，也毫不藏私地将我所知的专业，全部倾囊献出。

慢慢地，在与集团内各大项目的同事交流一段时日后，我的专业能力逐渐传开，攒了一些名声。许多人开始流传："总部有一个很厉害的台湾人，品牌、营运、文创的专业素养很足，有问题可以问他。"

面对争相涌来的美誉与人际交往，我一贯地始终保持距离、友善且低调。需要工作上协助，我非常无私且乐意，但要再谈到其他的，抱歉，再没有更多了，除非我愿意。

66

其间，随着接触的人越多，我不断与集团内各地同事进行沟通交流，累积了许多人物样本，供我描绘职场实态。原以为，早已被孤独训练至"入定"境界，这回真是被吓到，并发掘了一些极为有趣的职场现象。

例如某次，我到某个项目所在地出差。在会议室中，负责接洽的人一一将其他同事介绍给我认识："这位是李总、这位是王总、这位是杨总、这位是赵总……"

介绍完毕，整间会议室竟都是总经理级的。我受宠若惊，以为被大阵仗接待了，这也太劳师动众了。会后才知，这里的"总"跟正规定义上的"总"，意义天差地别。

当天在场之人，全是经理级以下的同人，分属不同职能部门。喊他们某总，原来只是某种口头上的恭维与奉承罢了，不具任何实质意义，人人都有一顶大帽子戴，看来风风光光。

得知这样的职场文化后，我感到啼笑皆非。而我为了不让自己看起来这么愚蠢，索性之后每接触到新同事与新环境，在自我介绍时，我总笑着对大家说："叫我力中或 Kris 就好了。"我总认为，踏踏实实做一个自己认识的自己，会感觉容易些。

66

上述事例都还算是小事，真正曾撼动我的，是差点以为连孤独力都不管用了。

我常感觉对话思考跟不上别人的节奏，相形之下竟有些词拙，竟感觉远不如人。于是，每回在开方案会议时，人人能言善道，气势凌人。

我原本已做好准备，打算遇强则强，再次磨砺自己职场能力了。看到真相浮出后，才发现根本不是那么一回事，且接触越多，诡异现象越发明显。

原来，方案讲得天花乱坠，讲了满满十分，一旦要落地执行，可能真正能落实的部分，有时根本不到三分。宣讲人只是擅长画大饼，毫无策略性思维，根本不知从哪儿下手。

面对如此虚假膨胀的职场文化，要被同化，还是成为异类？此刻对我而言，来到了一种关键性选择。是要同流合污，或是我行我素？

我决定选择后者。

之后，当听完这些夸大其词的方案，来到私下探讨方案的时候，我总是一贯开放、恳切地与所有人说："想法与概念，其实都很好。现在，我们尝试去伪存真，以落地且做得到为目标，一起努力思考，怎么让它如实呈现。"

语毕，他们原本躁动的瞳孔，忽然都像恍然大悟般的全都清醒冷静下来了；也像是一滴化学试剂，滴进一潭黑色污水中，忽然水质变得清冽澄澈，似乎从没有人对他们说过如此诚实的话。

过程中，我不带嘲讽、不带轻视、毫无藏私、不说空话，只陪着他们踏实做事。努力一段时日后，所有提交上来的策划方案，越见清晰与条理，虽然他们在某些不重要的篇幅，仍忍不住想多吹两句牛，但比起昔日已踏实许多。

随着协助提升工作质量的同时，也逐渐让人明白了我的做事方式：开放，更多的是踏实。对企业文化终究是带来了正向改变，不违背自己信念，对他人也无所辜负，真正地做到了理想中的自己。

　　一段时日后，在某个私下喝酒的场合，我曾被某位当地主管如此评论过："力中啊，骨子里傲得很，工作能力好得没话说。但是对看不上眼的人，一句话都不会多说。"我友善地笑着，算是默认，没太多反驳，也没在意是褒是贬。

　　一年多后，集团组织架构调整，我从原本庞大事业群中的一个次级单位，直接调任至总管理处，担负更大范围的指导权责，在组织中的角色越来越重要，存在感十足。唯一不变的是，我依旧如常低调行事。

　　最后，无论面对再夸张的滔滔不绝的表达，我总是不慌不忙，只用我的台湾腔和行事方式，就事论事就说我想说的话，继续成为组织里鲜明而踏实的异端。

99

孤独力初级修炼（三）

第一步：面对职场的相对非理性、合情合理、合流并非最佳之策。成为异类，
　　　　有时候是一种出路。然而要成为异类，先要理解组织中所缺乏的价值
　　　　理念，进一步弥补，并持续铺垫与深化，不要躁进，低调进行。

第二步：无须了成为异类而异类，要先明白异类这个设定，对于自身与组织
　　　　的意义价值为何。剑走偏锋，方能成就武林绝学。

第三步：不将文化差异作为自我设限的第一步，而是视为自我成长的机会与催
　　　　化剂。面对任何已存在的职场文化现状，与其抵制它，更好的方法是
　　　　"理解它、拥抱它、改变它"，最终让它变得更好，最后达成共好。

04 | 后路

所谓的高枕无忧，不过是准备充分

ьь

许多人以为，上班下班，日复一日，"工作"二字，就是"身在职场，拿劳力换钱"。那么"职业"呢？仅只是被赋予的一种头衔吗？

工作与职业之间，其实有本质上的差异。把"这件事"当成工作，仅是终日埋首当下，获得的是付出劳动后的金钱报酬；但当你把"这件事"当成职业，则会令人带着使命感持续远望与追求，最终不仅是报酬，包含人生整体发展，都将呈现向上发展的态势。

于是，就像站在岔路口，任何的选择都会在经历一定的时间之后，把现在的你带往差异极大的人生。

也许你会问："为何要把职场走得这么艰难？"因为我们主动为自己作出的每一次选择，终将是希望能够拥有自由选择的人生；在未来的恒长状态，生活眼见所及都是自己喜欢的人、事、物。

在职场积极追求的真正目的，不单是财富自由，更多是思想的自由，甚至是灵魂的自由。

66

时间回到 2014 年，桃城茶样子店刚开业没多久，某日下班，我又在吃我最爱的鸡肉饭。当我吃得满嘴是油的时候，我的手机响了，是一通陌生电话。对方表明自己是猎头。我当下一时没反应过来，还以为是什么新型推销或是诈骗电话，正想挂断之际，她很快地表示：是从某位媒体友人处得知我联系方式的。

接下来，猎头单刀直入。台湾有个大型旅店集团的新副品牌正在筹备，企业主正巧看见桃城茶样子的开幕记者会与后续相关报道，想找背后的品牌营销操盘手聊聊。于是猎头接受业主委托，耗费一番心力，终于辗转找到我。

"你真是低调，真够难找的啦。"对方抱怨了两句。在那个时候，我并无任何欣喜，只是费解与困惑。我这么平凡，全台湾比我出色的品牌营销高手多如牛毛，哪有什么好猎的？同时，公司也才开始发展，于是，当下便婉拒猎头邀请，只想继续把剩下的鸡肉饭吃完。

然而，猎头不死心，又再追问我一句："那您有相关职业经历资料，让我备档参考吗？我好与企业主回复。比如 CV（curriculum vitae，简历表）或者 linkedin（领英）？"

听到这个陌生的英文单词，我一愣，竟脱口而出："拎什么？"没想到这么随口一问，竟问出一个全新的局面。

故事到这里，请容我亲自声明：本书并未与领英有任何植入广告或商务配合，纯粹是因为领英确实为我的职业生涯，发挥了极为魔幻的作用。

领英社交模式是定向的，只谈个人职场专业经历，非常简单。开诚布公地将所有过往的职业经历，毫无美化、逐一据实地登载上去，与来自全球的职业经理人毫无疆界地交流。你们互为朋友，彼此打量对方，双方职业高度是否匹配，或是未来能否产生商业利益或商务合作，这些似乎都成为彼此能否成为朋友的条件。更精准来说，你可以在领英上找到潜在人脉资源。

同时，领英是个去中心化的自我营销平台，当你决定在上面好好经营自己时，机会便会主动找上门来，再不需要像传统的人力银行那样，被人当成一棵萝卜或白菜，摆在菜市场的摊档上，供人拣选叫卖。

在领英上，职业经历与成就，是你最宝贵的资产与筹码。

我一直认为，领英是很真实也极度残忍的职业社交平台。如果没有持续在职场上的努力与铺垫，你现在所拥有的短浅经历不会陪你演戏，也不会在你的职业生涯中发挥任何实质性作用。

于是，职业经理人除了在线下职场努力之外，同时也需要在领英上展现自己。因为全球数以万计的猎头，也隐身在领英里暗地逡巡，接受企业主委托，伺机猎捕适合的职业经理人，为其谋求更好的职业发展。

接到猎头电话后的某个周末下午，我将历年职业生涯，逐一登载至领英。另一种奇特的职场社交关系就此展开。上面没有造作的开场白，也没有多余的寒暄，一份档案，一目了然。

我与台湾本地及全球的职业经理人大量互动，也尝试理解更多资深职业经理人其职场发展过程，作为学习对象；当然也有人在上面做业务等，各式各样、形形色色。然而，只要清楚自己存乎于此的目的，那些都不碍事。

于是这些年来，我定期维护、更新领英上的职业生涯经历，也逐渐吸引到各方猎头关注，将各种橄榄枝递到我面前。随着自身职业经历越来越丰厚，各种新工作机会最终都能由我选择。

坦言之，我从不觉得自己特别优秀，但我明白如何掌握自己、发挥优势，以及如何被他人看到。

时至今日，我终于在某种形式上成为能够主动选择工作的人，再也不被工作选择。而我也清楚，身为一名职业经理人，长久以来，我只是忠于职场中的自我、努力为自己增值。如今，过去那些以年岁累积的职业资历，都化成真实的价值，被尊重与善待。

所谓职业经理人，不是一种结论，而是一种状态；也不是必须得干到什么总字辈程度，才能称得上职业经理人。

我总认为，无论你身处职场的基层或中层，只要每天积极主动面对职场发生的事物，始终带着使命感付出，无愧当下，那么在这个方向上前进的你，都正是以职业经理人的身份在路上持续迈进。

bb

这些年与我有过联系的猎头，粗估超过上百位，台湾与北京都有。而当我开始与各界猎头"发生关系"之后，也逐步熟悉了所谓"候选人与猎头"的互动模式。

那些武功高强的猎头们，总是不动声色、源源不断地暗自将他们认为适合我的机会交到我手上，然后，飞檐走壁般一闪而过。

猎头与我之间的暗号是"张总，看机会吗"，而长期与猎头保持活跃关系，有助于自我理解自己目前累积的职业经历含金量，并且通过与不同猎头的互动，从不同角度逐渐对比出自身最有利的职场优势与样貌。

时间一长，与我保持密切关系的猎头，持续收敛至十来位，他们对我的状况了如指掌。这些猎头有男有女，工作能力专业又出色，有的甚至比我还年轻许多，他们长期活跃于企业与企业之间，深谙企业对职业经理人的需求。

我对已有默契的猎头从不隐瞒，他们是我的前哨站，也能谋取最多信息，我对他们充分开放，也时常主动更新我的职位现况。如此一来，他们就能为我找到最适合的机会，形成共生关系。到最后，我甚至还能自己主动提出要求："那个公司的某某职位有没有机会，帮我打听一下？"猎头一听也跟着热血了："好，我去了解。"因此，我手边经常性地保持着两三个新工作机会供我选择，但我从不冒冒失失地轻言跳槽。

之所以揣着这些机会，只是为了让自己更无后顾之忧，能更从容地专注于工作本身，将工作做好。一旦职场在我所不能控制的情况下，发生异变或威胁，我能随时留有后路，能全身而退进入新的工作领域。

作为职业经理人，必要有万全准备，不能将自己置于险境，而猎头能为你助力。

bb

猎头这种去中心化的求职模式与观念很新，但也不是什么多了不起的事。

若要论与猎头互动的核心关键，还是得把自己的职业经历锻炼扎实；再者，拟好一份"包含某某但不仅限于某某"的希望职位清单（是的，就算密谋跳槽，我们仍要做到最大的交心），交给猎头运作。

最后，大家可以算算自己的年薪，是否能够让你满意（或至少还可以接受），就这么简单。

然而，如果第一项没能达成，后续的转变也就不会发生了。

在漫长职场生涯中，我总是保持低调，而在思想布局上始终活跃。长年来，我不断竭力透彻地认清自己，屹立于理想巅峰，厚积薄发，不役于外，始终游刃有余。

我要特别感谢将我猎到北京的猎头，各位若也想让自己的职场人生产生变化，就上领英搜寻"Vivien Yeh"吧。也欢迎大家到上面找我（张力中 Kris J.），就让我们以职业经理人的觉悟，展开一场别开生面的全新互动。

孤独力初级修炼（四）

第一步：我们主动为自己作出的每一次选择，终将是希望往后能拥有自由选择
　　　　的人生，在未来的恒长状态，生活的眼见所及，都是自己喜欢的人、
　　　　事、物。

第二步：留意来到身边的各种际遇，为自己寻得更多的可能。所有会发生的都
　　　　带有启示意义，所有供你选择的都将可能在过程中产生作用。

第三步：你做的是一份工作还是职业？今天开始，我们一起思考。

05 | 前程

一直往前走，
哪怕碰壁也是好事

ᏏᏏ

在漫长的职场中我们始终精勤、步履不停，但随着时间一长，一不注意，好像会让人走到倦了，或心态老了。就像是一场午后挥之不去的倦意，弥漫着昏昏欲睡的气味。

然后，那种自以为是的浓烈资深感，或是无比厚重的老练感，一再地侵蚀着新鲜的意志，直至腐败而再也无法激荡。倏忽之间，当心态比肉身老得更快，连带着生命也顺势老了，萎靡至极。

"我是什么时候开始，停止让人生继续前进的？"多数人浑然不觉。

我始终相信，只要持续锻炼心智，就能超越生理素质限制，将肉身开发至超乎想象的绝佳状态，更具勇气和动力。从某种概念上来说，一个出色的职业经理人，要像是运动员一般，让自己保持极为旺盛的续航力，让意念永远新鲜。

我们始终是在自己能力所及的范围内，一再力抗体制所设下的窠臼，无惧危险与困境，都只为寻得一条杳无人迹的朗朗生路。一如年轻时的我，成功跳级考上研究生，凭借着不算出色的泳技与超人的意志力，独自奋游上岸，湿淋淋地望着对岸的一群人，而他们怔怔地回望我。

虽然孤独又迷茫，而当时那畅快的感受，迄今仍令我难忘。我明白，如果眼前还有新的选择，而我必会一再涉险，毫不犹豫。

ㅂㅂ

来到北京工作已快两年。在这之前我从未想象过，此地与我的人生际遇到底有什么关系。除了持续理解并感受文化差异之外，我也从未忘打磨自己的工作能力。

而北京与台湾职场之间，对我而言最大的差异，就是从一个面向前线的光鲜工作环境，转变为退居幕后的幕僚角色，堪称销声匿迹般地彻底消失在台湾亲友的视线之内，完完全全从头来过。

在这段时间，我最常听到的问题是："你怎么有办法这么做？"或是"你是如何下定决心的？"对此，我似乎总是无法具体描述。

这令我想起多年前一部英国电影《双面情人》中的一幕：女主角

赶在地铁关门前，顺利闯入车厢；同一时刻，也留下一个未赶上地铁的女主角。剧情分成了两条支线，赶上地铁与没赶上地铁的女主角，凭借着一个抉择，竟完全改变她们各自后来的命运。

我想说的是，抉择从来不是一件难事，真正要面对的是抉择之后，你要如何持续走下去？

66

就在我于北京工作一年有余之后，出现了一些改变。

集团内的一个小镇项目，正好位于 2022 年北京冬奥会的指定场地，躬逢其盛，赶上奥运观光发展热潮。为抢占冬奥赛事期间的住宿需求与旅游市场，我们开始着手规划一个大型的度假村酒店品牌筹备案。

原计划是委托瑞士一家外籍酒店管理公司负责，然而经过多次交涉，双方未能达成共识。眼看离预定开业期限只剩不到一年，各项内外部资源和团队也未能完全整合，所有人都显得有些束手无策，这个新项目俨然成了一个烫手山芋。

没想到，长期以来一直担任着幕僚，协助拟定集团内各大项目方案，犹如教练或裁判角色的我，在一场会议结束后，突然就被公司高层指着脑袋："你，你们（我的团队成员），下场当球员。"当下，我愣了三秒。

是的，公司决定不假手外人，由内部团队来接手筹备酒店品牌。

新项目位于河北一座名为海坨山的高山上，主峰海拔 2241 米，最低温度可至零下十几摄氏度，最高温度不过十多摄氏度。在集团大项目团队进驻之前，周边只有三个小村落。放眼望去，除了大山，还是大山。几十平方公里内的村里居民人口只有几百人。

在接手这个项目之前，我就曾到访过这个高山小镇。当时怀着考察采风的目的前来，心情轻松惬意。如今没想到竟要每天上山工作。面对突如其来的新任务，我没有太多戏剧化情绪转折，不过稍微做了一些身心上的调整，隔周开始，便搭上狭小的接驳班车，开始了日日上山劳动的生活。

我像小学生一样，每日准时地站在路边的站牌等待。蜿蜒曲折的颠簸山路，上山下山共两趟，单趟车程近一个小时。曾听同事说："这趟路啊，共有 122 个弯。"还真吓了我一跳。

上山工作的时光，生活就像服兵役，中午午餐时间，端着铁餐盘，在食堂排队打饭。有小镇保安、有一笑就能看见一口白牙的黝黑农民工，也有来自各个省份、操着不同口音的同事。有时与陌生同事同桌，聊天时只要一开口，我这鲜明的台湾腔总会引发大家好奇，在这北方的荒山野岭，怎么会凭空冒出一个台湾人？

时间流逝，山上景色伴着季节持续变化。我见过满山绿意葱郁的森林，也感受秋日童山濯濯的苍凉，更难忘的是身处极寒的冬日雪国大地，那段有点难熬的时日。北风冷冽刺骨，耳朵冻到僵硬毫无知觉，眼睫毛结上一层薄霜，每一步都举步维艰。然而，无论外在环境如何险恶，奇怪的是，我从不觉特别痛苦或撕裂，只感觉身在当下之时，就让肉身毫无保留地去经历，并将心灵解离，将希望放置在最高远之处，当意志忽而软弱时，还能有所仰望与憧憬。

天气晴朗时，我往兴建中的酒店基地一站，便能远眺一望无际的山峦，不禁感受到此刻的存在就像是神明的嘱咐与指引，生命似乎就是得来过这一遭。这是在一年多前我身处温暖的台湾南方嘉义小镇时，未能想到过的人生境况。

66

另外，开业前期筹备工作也紧锣密鼓地展开。在很短的时间内，与当地项目伙伴结成新团队一同共事，我再次被新的文化职场体验洗涤。由于团队组成磨合不易，筹备初期常有摩擦，更多的是没有共识与责任归属不清，在每件需要做决策的事情上，常常是会而不议、议而不决、决而不行。

又或是风险趋避的天性使然，部分团队成员的心态与思想惯性被动，行为拖沓消极，于是每次对话中，都是少不了的抱怨："谁又如何了，谁又让人感到不耐烦，谁又在破罐子破摔。"到最后，总沦落成互相指责推诿，套句当地职场用语，就是"扯皮"，没人能从中获得好处。

我在其中的价值，第一步是发现问题，接着愿意提出什么行动决策应对、要不要改变（改变他人或改变自己），才是事情关键。为了打破僵局，偶尔我不惜拿出自己的"职场额度"消费，并再次选择成为另类，时而隐晦，时而直接，在会议中技巧性地蓄意制造冲突，目的便是试图点醒"昏睡"中的同人，让他们知道，这个团队里还是有人醒着的，并且愿意跳出来做一个改变团队风气的人，而这个人还是一个远道而来的台湾人。

我明白，这可能是在踩线，或是妨碍某些人的既得利益。然而身在职场，若不走正道，我大老远地离家千里又有何意义？

我从不害怕外在的各种失去，我只明白紧拥自身存在并且相信自己就已足够。而在一段时间的努力之后，团队成员们逐渐改变意识，将心房敞开，状况有了起色，筹备推动工作也顺畅起来，每个人都能全心投入。最后，酒店也顺利风光开业了。

我的故事就写到这里。明日，我依旧会搭乘着接驳班车，上山前往河北的海坨山工作，仿若无人知晓地以孤独的身影踽踽独行，一如昨日。

感谢大家读完我的故事，但这不是结束，接下来，故事主角轮到你了。在前往各自人生目的地的时间里，我们竭力在属于自己的故事中追寻，渴望活出不同的版本。不害怕失去，也别害怕一无所有。

来这世上一遭，踉跄也好，荒谬也罢，我们终究还有一份最鲜明又孤独的意志，引领自己努力奔赴想要的人生，义无反顾。

就从今日、从此刻起，我们开始孤独。

最后，在此要特别鸣谢我的两位主管：张莉女士以及孙耀生先生。谢谢两位带给我台湾职场翻篇之后的北京职场，最不一样的精彩人生。

99

孤独力初级修炼（五）

第一步：别让文化差异的刻板思维，成为你消极行事的借口。积极感受、亲自实践。当发现问题时，努力让自己发挥改变现况的作用，无论以任何形式。

第二步：在职场最混沌的时刻，别轻易让自己沦落。你不需要成为救世主，也无须轻易涉险，但要让自己始终是那个清醒的异类，这将是你职场尊严的底线。

第三步：不论身在何处，或是当前如何窒碍困顿，卸下自缚。当你选择了改变，最困难的部分就已经过去。接着，就让这一切发生吧。

后　记

写在万般孤独之后

来到北京生活了一段时日，过着日常规律的工作生活，偶尔与几个男同事到村里烧烤小店吃串烧、喝白酒，听他们吹吹牛。

除此之外，大部分的时光都处于独自一人的状态，几乎可以用离群索居来形容。

我一个人做菜、一个人看书、一个人散步、一个人看着网络电视及电影。我会兴致盎然地按着遥控器，收藏许多喜欢看的电影，总想着来日消磨。

假日一时兴起，我会背着背包进城，买上一杯美式热咖啡，漫无目地将自己丢进北京老胡同里，如探险般随意游荡着。也许是雍和宫周边的五道营、国子监、南锣鼓巷、张自忠路，或远一些的烟袋斜街、东交民巷。也曾登上过人挤人的景山公园瞭望台，远眺整座紫禁城。

饿了，就随便买一份街边的煎饼果子或烤冷面果腹。

晚了，就住进老胡同里宅院改建的民宿，做一天速成的老北京人，只为了醒来能迎接老胡同里的某个晨光日常。

嗯，老感觉自己活得挺有仪式感的，不知不觉，这样一个台湾人已很熟悉北京生活的气味了。

我始终孤独，却从未感到寂寞。

曾走过的 14 年职场时光，被我以文字篆刻、积稿成书的瞬间，似乎都已变成他人故事，不再属于我。

"这个人，原来已经走得这么远了啊！"我心里有着这样的感受，如此陌生又遥远。

写到后记了，我仍想殷切地告诉读者，别慌，一步一步，循着自己的时间线前进，谁有成就、谁有钱，无须比较，不用羡慕，都与你无关。

只要你能感觉比 1 年前、3 年前、5 年前甚至 10 年前的自己更进步，你就是在往正确的方向前进。

除此之外，在撰写此书的期间，我同时也在筹备我的首部电影脚本，期待可以很快带着全新身份、全新作品与读者们再次见面。

本书最后的篇幅，慎之重之地我要献给承亿文旅集团的戴淑玲女士。谢谢您的关照，千言万语，不胜感激。

版权登记号　01-2020-0563

原著名：张力中的孤独力

中文简体版通过成都天鸢文化传播有限公司代理，经远足文化事业股份有限公司（方舟文化）授予大陆独家出版发行，非经书面同意，不得以任何形式，任意重制转载。本著作限于中国大陆地区发行。

图书在版编目（CIP）数据

当众孤独 / 张力中著. — 北京：现代出版社，2020.1

ISBN 978-7-5143-8343-0

Ⅰ．①当… Ⅱ．①张… Ⅲ．①成功心理−通俗读物

Ⅳ．① B848.4-49

中国版本图书馆 CIP 数据核字（2019）第 286746 号

当众孤独

著　　者	张力中	
责任编辑	徐　芬	
出版发行	现代出版社	
通信地址	北京市安定门外安华里504号	
邮政编码	100011	
电　　话	010-64267325　　64245264（传真）	
网　　址	www.1980xd.com	
电子邮箱	xiandai@vip.sina.com	
印　　刷	吉林省吉广国际广告股份有限公司	
开　　本	880mm×1230mm　1/32	
字　　数	210千字	
印　　张	9.5	
版　　次	2020年5月第1版　2020年5月第1次印刷	
书　　号	ISBN 978-7-5143-8343-0	
定　　价	48.00元	

版权所有，翻印必究；未经许可，不得转载